고마워,
내 아이가
되어줘서

고마워, 내 아이가 되어줘서

조선미 하태욱 이승욱 권복기 정윤경 김영훈 이정희 방승호 지음
한겨레 베이비트리 엮음

북하우스

차례

여는 글

흔들리지 않는 뿌리 깊은 교육을 위한 첫걸음

요즘 부모들은 혼란스럽다. 쏟아지는 수많은 정보에 휩쓸리고 급변하는 교육 트렌드 사이에서 갈팡질팡한다. 그 혼란 속에서 많은 부모가 불안해하고 갈 길을 잃는다. 다른 분야와 마찬가지로 우리나라 육아 분야에서도 트렌드가 급속하게 바뀐다. 육아의 정석보다는 그때그때 육아 관련 담론과 출시된 육아 관련 상품에 따라 부모가 아이를 키우는 방식도 변한다. 아이에게 감정코칭이 중요하다고 하면 갑자기 감정코칭을 하는 부모들이 늘고, 인내심을 가르치는 프랑스 육아가 뜨면 프랑스식 육아법으로 아이를 다루는 사람들이 늘어난다. 스칸디 육아가 뜨고 프렌디(친구 같은 아빠)에 대한 담론이 등장하면, 북유럽 방식의 육아를 동경하는 사람들이 많아진다. 그러다 포대기 등 전통 육아의 장점이 알려지면 갑자기

포대기 소비가 늘고 전통 육아에 대한 관심이 느는 식이다. 따라서 이러한 사회일수록 정확하고 신뢰할 수 있는 정보가 제공돼야 부모들이 각종 상술에 흔들리거나 시류에 휩쓸리지 않고 줏대 있게 아이를 키울 수 있다. 자녀교육의 올바른 이정표를 제시하고자 탄생한 것이 바로 한겨레 베이비트리 육아웹진이다. 한겨레 베이비트리가 가고자 했던 방향은 오직 하나, 불안한 부모들을 위한 흔들리지 않는 육아의 나침반이 되는 것이었다. 새로 내야 하는 길은 언제나 투박하고 메마르다. 많은 어려움이 있었지만 한겨레 베이비트리 육아웹진은 함께하는 사람들과 부모들의 진심이 모여 불과 몇 년 만에 단단하게 뿌리를 내릴 수 있었다.

특히 베이비트리를 이끌어가면서 매우 큰 보람을 느낀 프로젝트가 있었는데, 바로 '한겨레 부모특강'이다. 베이비트리를 시작하면서 가장 중점을 둔 부분은 부모들이 믿고 신뢰할 만한 육아 전문가의 발굴이었다. 그런 노력 덕분으로 이론에 근거한 지식이 아닌, 가슴에서 우러나오는 지혜를 전하는 육아 전문가들을 필자로 만날 수 있었다. 하지만 주옥같은 강연을 들려줄 육아 멘토들을 필자로 보유하고 있으면서도 물적 기반이 충분치 않아 그들과 부모들을 연결시켜줄 수 없다는 사실이 너무 안타까웠다. 어떻게 하면 더 많은 부모들이 자신의 아이와 행복하게 살 수 있을까를 고민하던 우리는 한겨레 부모특강을 진행해보기로 했다. 아무도 그 프로젝트를 해야 한다고 강요하지 않았고, 성공을 담보해줄 그 어떤 것도 없었다. 하지만 우리의 의도를 오롯이 전달할 수 있도록 기획안을 만들고 여러 지자체의 문을 두드렸다. 다행히도 우리의 뜻에 공감해준 지자체(마포구, 성북구)와 손을 잡고 부모특강을 진행할 수 있었다.

우리가 전하고자 한 한겨레 부모특강의 메시지는 '아이의 본성과 자발성을 살리는 교육'이었다. 부모의 과도한 욕심으로 아이가 상처받고, 불안한 사회적 분위기 속에 공교육이 무너지고 사교육 열풍이 휩쓸고 지나가는 그 황량한 토양에 '또 다른 희망'을 찾고 싶었다.

우리의 진심이 전달된 것일까. 2년에 걸쳐 '우리 아이 자존감과 잠재력을 키우는 소통법', '정서지능, 우리 아이 미래를 바꾼다'라는 큰 주제로 진행된 한겨레 부모특강은 그야말로 인기 폭발이었다. 매회 강연마다 500여 명의 부모들이 참석해 강연을 들었다. 부모특강의 반응들은 뜨거웠고 감동의 후원이 뒤를 이었다.

한겨레 부모특강에 대한 이러한 뜨거운 반응은 아마도 육아에 있어 가장 기본적이고 본질적인 것들을 다뤘기 때문일 것이다. '옆집 엄마는 아이 교육을 저렇게 시키는데 나는 안 시켜도 되나'

하는 불안을 넘어서서 진정한 교육이 무엇인지 알려주기도 하고, 부모와 아이의 관계에서 가장 중요한, 올바른 소통법에 대해서도 알려준다. 또 아이가 삶을 살아가면서 성적보다 더 중요한, 다양한 가치들의 중요성을 전달하고 아이에게 물고기를 잡아 먹여주는 부모가 아닌, 아이 스스로 물고기를 잡을 수 있도록 안내해주는 부모가 되기 위해 어떻게 하는 것이 좋은지를 다루었다.

특히나 많은 부모들이 부모에 대한 위로와 공감에 대해 큰 호응을 보내주었다. 한겨레 부모특강이 요즘 부모들을 억누르고 있는 죄책감과 불안을 기억하고, 아이를 사랑하는 마음을 담아 지금 가는 길을 꿋꿋이 걸어가라고, 스스로를 소중하게 여기는 힘이 가장 필요함을 마음을 다해 전해주었기 때문이다.

베이비트리 팀은 한겨레 부모특강의 기사와 영상에서는 다 담지 못한 내용들을 다시 정리해 강연 내용을 보다 많은 독자들이 읽고 삶에 대한 영감을 얻기를 바랐다. 특강 중에서도 부모들의 깊은 공감을 얻고 두고두고 도움이 될 만한 강연을 모아 불안, 본질, 감정, 휴식, 대화법, 본보기, 뇌, 고통, 의욕, 꿈의 키워드로 분류해 10강의 강의로 정리했다. 진심을 다해 부모와 소통하였던 8명의 전문가들은 책을 만드는 과정에서도 자신들의 노하우를 담아 책의 내용이 단단해질 수 있도록 많은 힘을 보태주었다.

10강의 내용이 각기 다른 테마로 접근하고 있지만 책 전체의 내용을 아우르는 것은 결국 아이에 대한 믿음이고 바른 성장에 대한 열망이다. 책의 내용을 따라가다 보면 발견하겠지만 전문가들이 한결같이 아이에 대한 이해 못지않게 강조한 것은 부모, 즉 자신에 대한 행복 찾기이다. 아이들의 행복만큼 부모의 행복이 육아에서 매우 중요한 요소이기 때문이다. 수많은 부모를 만나면서 부모 스스로 행복을 찾으면 행복의 긍정성이 아이의 교육에서도 고스란히 적용된다는 진리를 경험을 통해 얻었기 때문이라고 생각한다.

우리 역시 그런 이야기를 전하고 싶었다. 한겨레 베이비트리가 생겨난 계기도 근거 없는 정보에 이리저리 휘둘리며 불안해하는 부모들에게 힘이 되어주고 싶었던 것이고 불안 속에서 여유 없이 자신을 채찍질하는 부모들이 우리 주변에 너무나 많이 있기 때문이다. 육아의 본질은 믿음과 사랑이다. 그 단순하면서도 명쾌한 진리가 실질적으로 육아를 해보면 쉽게 적용이 되지 않는다. 내 아이이기 때문에 욕심이 생기고, 내 아이이기 때문에 남들보다 뛰어나기를 원한다. 하지만 성장의 기본적인 원칙을 지켜나가다 보면, 아이와 부모 모두가 행복을 찾는 길이 또렷하게 보일 것이다. 여기 실린 글들은 그 기본을 따라가는 길이 지치고 힘들 때 위로와 힘이 되어줄 것이다.

소망은 있고 너무 바쁘다는 핑계로 행동으로 옮기지 못한 베이비트리 팀을 자극해 부모특강의 내용을 책으로 엮을 수 있게 도와준 북하우스에 특별히 감사의 인사를 드린다. 그리고 한겨레 부모특강에서 세상의 모든 부모들을 위해 멋진 강연을 들려준 전문가들에게도 이 자리를 빌려 감사의 인사를 드린다. 매우 바쁜 일정 속에서도 부모특강의 열띤 호응을 기억하고 책에서도 좋은 일을 함께 나누겠다고 한 전문가들을 보며 이 일에 대한 깊은 보람을 느꼈다.

이 책을 읽고 자극을 받아 많은 부모들이 진정으로 자신과 아이가 모두 행복한 길을 걸을 수 있기를 기대해본다. 세상의 모든 부모들이 미래를 위해 현재의 행복을 희생하지 않고, 지금 이 순간 내 앞에 있는 아이를 있는 그대로 인정하면서 행복과 기쁨이 충만한 하루하루를 만들어나가길 바란다.

한겨레신문 편집국에서

한겨레 베이비트리 팀을 대표하여 양선아

제1강

교육이란, 불안을 넘어 함께 가는 길

- 하태욱. 건신대학원대학교 대안교육학과 교수

"아이를 어떻게 키워야 할까요?"

많은 분들이 묻습니다. 저는 교육학을 전공한 교육학자입니다. 학교에서 학생들에게 교육학을 가르치고 있고요. '교육과 대안'을 화두로 연구와 실천을 함께하는 학자이자 운동가, 그리고 학부모로서 많은 부모들과 함께 이야기를 나누고 싶은 열망을 가지고 있습니다.

저는 오늘 부모님들에게 불안을 넘어 함께하는 교육에 대해 말씀드리려고 합니다. 부모란 존재론적으로 불안한 존재입니다.

갓 태어난 강아지를 품고 있는 어미개 앞으로 다가가면 불안해서 어쩔 줄 모르거나 으르렁댑니다. 우리도 마찬가지지요. 우리 아이들에 대해선 늘 불안하고 하나부터 열까지 안심이 되지 않습니다. 하지만 여러분들이 정말 불안해야 할 일을 불안해하고 있는 건지, 아니면 그럴 필요가 없는 일까지 불안해하는 건 아닌지 스스로 점검하고 돌아보는 시간이 꼭 필요하다고 생각합니다.

어떤 경제학 교수가 이런 이야기를 했습니다. 현대인들이 곧 다가올 미래는 외면하면서, 어떻게 될지도 모를 미래에 대해 불안해하며, 내일을 담보삼아 오늘을 희생하는 삶을 살고 있다고요. 지구온난화나 물 부족 사태는 당장 우리 눈앞에 다가온 미래이지만 우리는 이것에 대해 불안해하지 않지요. 하지만 교육에 관해서는 굉장히 불안해합니다. 우리 아이가 경쟁에서 뒤처지면 어쩌지, 우리 아이만 다른 아이들보다 못하면 어쩌지 걱정하면서 오늘을 희생합니다. 우리나라 부모들이 아이들을 사교육으로 내몰고 있는 이유 또한 불안하기 때문입니다.

저는 부모로서 불안의 본질을 성찰하는 과정이 필요하다고 생각합니다. 저 역시 주변에서 들리는 '카더라 통신'들, 근거 없는 신념들, 떠도는 정보들에 휘둘려 갈팡질팡했습니다. 교육학을 전공한 교육 전문가라지만 아이를 키우는 부모로서 생활하다 보면 순간순간 매우 비교육적인 욕망들에 쉽게 흔들리고 있는 자신을 발견합니다. 그렇게 아이를 키우면서 제가 하는 어떤 공부와 연구보다 내 아이 기르기에 대한 고민과 성찰이 필요하다는 것을 깨달았습니다. 제가 이론적으로 말하는 모든 이야기들이 제 아이 키우기에 적용되지 않는다면 그건 모두 허공에 뜬 이야기일 수밖에 없을 테니까요. 그래서 '부모 되기'에 대해서 배우고 익히는 일이 무척 중요하다고 생각합니다.

제 아들녀석이 중학생입니다. 지금은 대안학교를 다니지만 초등학교는 일반 초등학교를 다녔습니다. 아이가 초등학교에 다닐 때 제가 아이에게 "대안학교에 다니면 어떻겠니?"라고 물었습니다. 그런데 아이가 싫다는 거예요. 왜 싫은지 물었더니 아이가 대안학교에 가면 지하도에서 박스 덮고 자는 아저씨가 된다고 말하는 겁니다. 아이가 이렇게 생각하게 된 것은 '공부를 안 하면 거지가 된다'는 얘기를 많이 들어서였습니다. 되짚어보면, 우리가 아이를 훈육하는 방식이 협박에 근거한 경우가 많습니다. '울면 호랑이가 잡아간다'에서부터 '~안 하면 ~해주지 않을 거다'는 조건부 거래까지 아이들에게 겁을 주며 내 뜻대로 움직이게 만드는 것이지요. 이렇게 길들여진 아이들은 주체적으로 살아갈 힘을

• •

아이를 키우면서 제가 하는 어떤 공부와 연구보다
내 아이 기르기에 대한 고민과 성찰이
필요하다는 것을 깨달았습니다.
'부모 되기'에 대해 배우고 익히는 일이
무척 중요한 까닭입니다.

키우기 어렵습니다. 가정에서 부모-자식 간에만 그런 것이 아닙니다. 아이들이 사회에 나가서 이런 불안감을 학습합니다. 아이들뿐만 아니라 사회로부터 오는 불안감이 부모인 우리를 위협하고 있지요.

부모에 대한 이야기를 하면서 유명한 광고 카피를 들려드리겠습니다.

> 부모는 멀리 보라 하고, 학부모는 앞을 보라 하고,
> 부모는 꿈을 꾸라 하고, 학부모는 꿈꿀 시간을 주지 않는다.
> 당신은 부모입니까? 학부모입니까?

어떻게 생각하십니까? 학부모가 아닌, 부모의 모습으로 돌아가는 길이 진정한 교육의 시작이라고 하는데요. 부모와 학부모 사이에서 여러분들은 어떤 위치를 차지하고 있습니까? 저 역시도 부모이자 학부모입니다. 아이를 보며 때로는 흔들리고 때로는 불안합니다. 내 안에서 학부모가 불쑥불쑥 일어납니다. 줏대 있게 소신을 세우려고 해도 늘 사회적인 불안감에 휘둘립니다. 주변에서 가만 내버려두지 않습니다. 방송을 보고, 뉴스를 보고, 이웃집을 봐도 사회적으로 지속적으로 불안을 학습시킵니다.

그럼 어떤 방법으로 사회가 불안을 학습시킬까요?

어떻게 지내냐는 친구의 말에 **을 보여줬습니다.

당신의 오늘을 말해줍니다.

자동차 광고 카피 중에 하나입니다. 이렇게 우리 사회는 끊임없이 묻습니다. 어떤 차를 타고 다니니? 어떤 아파트에서 사니? 어떤 옷을 입고 다니니? 우리가 어떤 생각을 하고 살며 어떤 가치관으로 삶을 바라보는지는 궁금해하지 않습니다. 오늘 무엇을 소비하고 그것을 남에게 어떻게 보여주고 증명하는지에만 관심이 쏠려 있습니다. 우리는 그렇게 압박감에 시달리고 압박감으로 인해 불안해집니다. 그래서 우리가 찾은 방법은 소비를 통해 불안감을 해소하는 것입니다. 형편이 안 되면 짝퉁을 사더라도, 혹은 빚을 내더라도 남들한테 부끄럽지 않으려면 나도 그만큼을 사들여야 하는 겁니다.

그런데 구매력이 높아지면 모든 것이 해결될까요? 소비를 한다고 해서 불안감이 근본적으로 해소되는 것은 아닙니다. 불평등과 차별은 여전하고, 가진 자들은 못 가진 자들을 끊임없이 구분하고 밀어냅니다. 바로 경계를 만드는 것입니다. 가진 자들은 자신의 영역을 표시하며 울타리를 칩니다. 그럼 우리는 그 울타리 안에 들어가길 소망합니다. VIP가 되길 원하는 겁니다. 그런데

VIP가 된다 한들, 우리 앞에는 또 VVIP가 생깁니다. VVIP가 되어도 그 앞에는 프레스티지가 있습니다. 혹여 나는 못 들어가도 우리 아이만큼은 그곳에 들어가길 바라죠. 우리 아이를 그 울타리 안에 넣기 위해 발을 동동 구르며 계속 아이를 채근하고 압박합니다. "좋은 학교에 가야 돼", "좋은 직장에 가야 돼" 하고요.

그런 와중에 우리 아이들의 상태가 어떤지 돌아보기를 바랍니다. 우리나라 어린이가 느끼는 행복지수는 평균 69점입니다. OECD 가입 국가 중에서 최하위입니다. 몇 년째 최하위를 기록하고 있습니다. 초등학생 10명 중 3명이 가출을 하고 싶어 하고 전체 아이들의 12퍼센트는 자살 충동을 경험합니다. 내 아이가 나도 모르는 사이 아파트 옥상으로 걸어올라가고 있다고 생각하면 너무 끔찍한 일입니다. 정말 우리가 무엇을 걱정하고 불안해해야 하는지 직시해야 할 이유가 여기 있습니다.

그렇다면 불안감을 해소하고 부모와 아이 모두 진짜 행복하게 살아가려면 어떻게 해야 할까요? 일단 다음과 같은 불편한 진실을 깨닫는 것이 필요합니다.

혹시 '죄수의 딜레마'라는 말을 들어보셨나요? 죄수의 딜레마는 경제 이론의 하나로, 각자가 최선이라고 생각해 선택했으나 사회 전체로 봤을 때는 최악의 결과를 선택하게 되는 과정을 말합니다.

자세히 설명해보겠습니다. 두 명의 공범이 경찰에 잡혔습니다. 증거가 마땅치 않으니 자백만이 유일한 증거입니다. 경찰은 두 명의 범죄자를 각각의 방에서 다음과 같은 조건을 내걸며 심문에 들어갑니다. 상대방의 범죄에 대해 실토하면 형을 감해주고 다른 쪽에 더 큰 책임을 묻겠다는 것이지요. 범죄자들은 고민에 빠집니다. 둘 다 입을 다물면 증거가 없으니 최고의 결과를 얻을 수 있습니다. 하지만 상대가 입을 다물어준다는 보장이 없지요. 그러다보니 최고의 결과를 위해 입을 다물었다가 자칫 상대가 나한테 죄를 뒤집어씌우면 나는 최악의 결과를 얻습니다. 내가 입을 열면 적어도 최악의 상황은 피할 수 있습니다. 상대방이 죄를 뒤집어쓴다면 차선의 결과를 얻을 수도 있겠지요. 결국은 둘 다 상대방의 죄를 자백하게 됩니다.

죄수의 딜레마 현상을 사회적, 교육적 현상으로 잘 보여주는 것이 사교육 시장입니다. 불안을 덮기 위해 아이를 사교육 시장에 보냅니다. 부모들도 사교육이 큰 효과가 없다는 것을 알고 있습니다. 그런데도 사교육을 끊을 수는 없습니다. 나만 아이를 학원에 보내지 않으면 우리 아이만 손해를 볼 수 있다는 생각 때문입니다. 남들이 다 안 보내겠다고 하는데 우리 아이만 보내면 아이의 성적이 올라간다는 계산이 나옵니다. 그러니까 아무도 그만둘 수 없는 거지요. 최고의 결과를 얻을 수 없는 줄 알면서도 최악을 피하기 위해서는 어쩔 수 없습니다. 학원에 가면 너나없이 화려한 플랭카드를 걸어놓습니다. '경축 ** 합격!' 이건 축하의 메시지가 아닙니다. 우리 학원에 보내지 않으면 당신 자녀의 이름은 이 플랭카드에 없을 거라는 일종의 경고이자 협박인 것입니다. 지금의 사회적 시스템 안에서는 어느 누구도 사교육을 없애지 못합니다. 게다가 갈수록 사교육은 고액화, 양극화 되어갑니다. 우리나라 평균 사교육 비용이 45만 원, 고등학생의 사교육 비용은 70만 원에 육박합니다. 하지만 진짜 사교육의 혜택을 보는 이들은 고액의 과외를 받는 아이들입니다. 고액의 사교육을 감당할 수 있는 부모를 둔 아이들만 혜택을 보고 살아남습니다.

전국 수험생 80만 명 중 소위 SKY대학에 입학하는 학생은 1만 명(1.25퍼센트)입니다. 그중 서울대 입학생은 3,500명인 0.42퍼센트인데요. 0.42퍼센트의 확률이 어느 정도로 희박한 것이냐면, 프로야구 5경기 결과의 승, 패, 무승부를 연속적으로 맞힐 확률이라고 합니다. 이런 확률을 우리는 무엇이라고 부르나요? 도박이라고 합니다. 그런데 아무도 서울대에 보내는 것에 대해서는 도박이라고 말하지 않지요. 공부를 열심히 해서 서울대에 가는 것이 나쁘다는 뜻이 아닙니다. 다만 모두가 서울대에 가야 행복한 삶을 살 수 있다고 믿는 것이 환상이라는 겁니다. 서울대에 가지 못하면 행복한 삶을 살 수 없을 것이라는 불안에 빠져 있는 거지요. 그러다 보니 우리는 도박 같은 확률을 생각하지 않고 아이를 들볶습니다. 우리 부모들이 죄수의 딜레마에 빠져 효과 없는 사교육에 아이들을 내몰고 있는 거죠.

미국에서 20세기 말에 다가올 21세기를 준비하면서 21세기 위원회가 생겼습니다. 다양한 학자들이 머리를 모아 21세기를 예측하기 위해 만들어진 거지요. 이들이 펴낸 연구보고서에 따르면 21세기를 살아갈 인재들에게 꼭 필요한 자질은 협동심, 소통력, 자발성이라고 합니다. 그런데 아이러니하게도 몇 년 전 우리나라의 한 명문대에서 실시한 조사에 따르면 그 학교 출신 학생들에게 가장 부족한 자질 세 가지로 협동심과 소통력, 자발성이 나왔다고 합니다. 우리 교육 시스템에서 가장 성공한 명문대 학생들에게 정작 삶을 현명하게 살아갈 자질이 없다니 정말 맥이 풀리는 일입니다. 우리는 이제 교육에 대한 다른 접근이 필요합니다. 0.42퍼센트의 소모적인 도박을 멈추고, 우리 아이들이 자신들의 흥미와 본능을 믿고 자신의 길을 선택할 수 있도록 해야 합니다.

자신의 흥미와 본능을 믿고 멋지게 인생을 개척한 인물의 바람직한 예가 바로 스티브 잡스입니다. 대학 중퇴자인 스티브 잡스는 최고의 명문대 중 하나인 스탠퍼드대학 졸업식에서 연설을 했습니다. 그의 연설은 부모들이 두고두고 되새겨볼 만한 가치가 있습니다. 그의 연설의 핵심을 요약하면 다음과 같습니다.

> 살아오면서 흥미와 본능에 따라 선택한 경험들은 나중에 소중하게 쓰였고 삶에서 모두 도움이 되었습니다. 그 당시에 활용가치가 있어 보였던 것은 하나도 없었습니다. 돌아보면 그 경험들이 소중했지만 무언가를 얻기 위해 바라고 경험한 것은 아니었습니다. 우리 인생의 대부분은 일과 연결되어 있습니다. 우선 자신이 좋아하는 일이 무엇인지 찾아야 합니다. 그러니 자신의 흥미와 본능을 믿으세요. 그리고 안주하지 말고 무모해 보이더라도 도전하세요. 그러면 결국 그것이 결과를 만들어줍니다.

이미 성공적인 첫발을 내딛는 명문대 졸업생들에게 스티브 잡스는 계획을 세워 걷는 좁고 안정적인 길을 가지 말라고 설득합니다. 중요한 것은 부모들이 생각하는 '스펙'이 아닙니다. 아이들이 살아갈 세상이 어떻게 바뀔지는 아무도 모릅니다. 좁은 시야로 스펙을 따져가며 아이의 인생을 함부로 재단하지 말아야 합

• •

중요한 것은 부모들이 생각하는 것처럼

'스펙'이 아닙니다.

좁은 시야로 스펙을 따져가며 아이의 인생을

함부로 재단하지 말아야 합니다.

인생은 스펙대로 되는 것이 아닙니다.

니다. 인생은 스펙대로 되는 것이 아닙니다.

그럼 스펙이 아닌 우리만의 기준으로 '어떻게 하면 아이를 잘 키울 수 있을까요?' 어떻게 하면 아이를 잘 키울 수 있을지에 대한 질문은 학부모 교육을 하러 가면 제일 많이 듣는 질문입니다. 질문의 세부적인 사항은 조금씩 달라도 근본적인 내용은 다 똑같습니다. 가장 궁금할 수밖에 없는 내용입니다. 도대체 어떻게 해야 아이를 잘 키울 수 있을는지요.

우리가 사회에서 살아가면서 어떤 역할을 맡기 위해서는 오랜 시간 그 역할이 되기 위한 교육을 받습니다. 짧게는 몇 개월 과정에서부터 길게는 몇십 년까지 학교나 학원을 다니기도 하고 시험을 쳐서 자격증을 따기도 합니다. 그런데 우리가 사회에서 맡을 수 있는 역할 중에서 가장 파급력이 큰 '부모' 역할을 맡기 위해 우리는 어떤 교육도 받아본 적이 없습니다. 부모 자격 검정시험이 있어 거기서 떨어진 사람은 자녀양육권을 박탈당한다는 법도 없지요.

교육에 대한 이야기가 나온 김에 '교육이란 무엇인가?'에 대해서 조금 더 이야기해보겠습니다. '교육(教育)'이란 가르치고(教) 기른다(育)는 뜻이지요. 가르치는 행위는 부모나 교사, 즉 가르치는 사람이 주체가 되는 행위입니다. 우리말로도 '가르치다'는 '가리키다'와 같은 어원이 있다고 합니다. 즉, 가르치는 행위는 진리를 알고 있는 사람이 '저것이 진리다'며 가리키는 행위라는 것이죠. 서양에서도 비슷한 관점이 있습니다. 교육을 의미하는 영어의 Pedagogy는 그리스어 Paidos(어린이)와 Agogos(이끈다)의 합성어입니다. 오늘날로 치면 이 학원 저 학원으로 아이들을 끌고 다니는 강남엄마쯤 될까요? 여기서도 아이를 이끄는 사람, 즉 교육자가 무엇을 가졌느냐가 중요합니다.

이에 반해서 육(育)은 아이를 기르는 것을 의미합니다. 기른다는 것은 스스로 자라날 수 있는 환경을 만들어주는 것이죠. '기르다'라는 동사가 '길'이라는 명사로부터 나왔다는 주장도 있습니다. 아이가 자신의 길을 걸어갈 수 있도록 하는 것, 그것이 기르는 행위라는 겁니다. 영어의 Education은 E(밖)와 Duco(꺼내다)라는 라틴어에서 왔다고 합니다. 자기 안에 있는 잠재력과 재능을 온전히 꺼낼 수 있는 것은 자신의 힘에 달려 있겠지요. 아이의 입을 열고 손을 집어넣어 그것을 억지로 끄집어낼 방법은 없습니다.

교육이란 교(敎)와 육(育), 가르치는 것과 기르는 것의 조화입니다. 그런데 우리 사회는 가르치는 것만이 지나치게 강조되어 있습니다. 아이의 안에 어떤 생각과 욕구가, 어떤 가능성이 들어 있는지 들여다보지 않고 부모 욕심대로, 교사가 아는 대로만 강요합니다. 부모의 욕심, 교사의 지식은 우리 사회의 불안과 밀접하게 연관되어 있습니다. 결국 지나친 조기교육, 사교육 열풍도 모두 교(敎) 쪽으로 지나치게 추가 기운 탓에 나타나는 왜곡현상이라고 볼 수 있습니다. 그렇다고 무조건 육(育)만이 강조되어야 한다는 것은 아닙니다. 흔히 '대안교육'이란 아무것도 가르치지 않고 아이들을 방치하는 교육으로 알고 있는 사람들이 많지만, 그건 교(敎)가 지나치게 비대해진 우리 사회에서 육(育)을 강조하다 보니 생겨난 오해인 듯합니다. 아이의 이야기를 듣고, 아이의 욕구를 알아주고, 흥미를 파악하고, 그 길을 나아갈 수 있는 환경을 만들어주는 것, 그것이 바로 교(敎)와 육(育), 가르침과 기름이 조화를 이루는 길일 것입니다. 그런 교육환경 속에서 자라나는 아이야말로, '배우고 익힘의 즐거움'을 아는 아이로 자라날 수 있습니다.

'부모가 아이들에게 어떤 모습을 보여주고 있는가'에 대해서 곰곰이 생각해보았으면 합니다. 부모들은 아이를 어떻게 '키울까'만 고민할 뿐, 내가 어떤 모습을 '보여줘야 하는가'에 대해서는 중요하게 생각하지 않습니다. 그런데 아이들은 '가르쳐주는 것'보다 '보여주는 것'을 통해 훨씬 더 빠르고 강하게 배웁니다.

그러나 유념해야 될 것이 있습니다. 아이들은 어른들이 의식적으로 보여주는 것과 실제로 사는 모습을 선험적으로 구분해냅니다. 또한 의식적으로 보여주는 것은 일회적이지만 사는 모습은 일상 속에서 무의식적으로 반복해서 드러납니다. 착하게 살라고 하면서 이기적으로 사는 부모, 올바른 행동을 하라고 하면서 정작 본인은 부정행위를 저지르는 교사. 책 한 권 안 읽으면서 아이에게 강요하는 독서교육. 아이들은 이미 다 보고 배우고 있습니다. 아무리 좋은 것을 가르쳐도 부모가 실제로 그렇게 살지 않으면 교육은 전혀 효과가 없습니다.

우리는 앞서 이런 질문을 던졌습니다. 아이를 어떻게 키워야 하는지, 무엇을 가르쳐야 하는지 말이지요. 그런데 사실 우리가 자녀교육을 위해 진짜 물어야 할 질문은 이것에서 출발합니다. "나는 어떻게 살아야 하는가?" 여기서 우리에게 질문을 던져봅니다. 또 우리 스스로에게 깊이 묻습니다. "나는 행복한가?"

"어떻게 하면 아이를 잘 키울 수 있을까요?"라는 이 질문도 바꿔보겠습니다. "어떻게 하면 내가 더 행복해질 수 있을까요?"

아이에게 열심히 사는 모습, 즐겁게 사는 모습, 공부하는 모습, 돕고 사는 모습을 보여주면 아이도 그렇게 따라옵니다. 거짓으로 보여주는 것이 아니라 실제로 즐겁고 행복하게 사는 것이 아이의

• •

진짜 물어야 할 질문은 이것에서 출발합니다.
"나는 어떻게 살아야 하는가?"
우리 스스로에게 깊이 묻습니다.
"나는 행복한가?"
"어떻게 하면 내가 더 행복해질 수 있을까?"

교육에도 무척 중요한 영향을 미치는 것이죠.

부모가 자기 삶에 만족도가 높고 행복감을 느끼며 마음에 여유가 있을 때, 자신도 모르게 교육적인 행동들이 나타납니다. 그리고 이런 행동과 태도는 아이들의 성장에 학습지나 학원보다 훨씬 더 큰 영향을 미치게 됩니다. 어느 책에서 법륜 스님께서 하신 말씀을 인용해보겠습니다.

> 자기 상처를 치유해서 자기 스스로 건강해져야 해요. 내가 건강해져야 남편도 사랑할 수 있고 자식도 사랑할 수 있습니다. 상처받은 마음으로는 누군가를 사랑하기가 힘듭니다. 부모가 자신의 상처를 치유하지 않고, 상처의 독기를 아이에게 뿜으면 아이는 잘 성장할 수가 없어요.
>
> –『엄마 수업』 중

세계에서 가장 유명한 영국의 대안학교인 써머힐Summerhill School을 설립한 교육자 닐A. S. Neill은 "문제 아동은 없다, 문제 부모가 있을 뿐이다"라고 했습니다. 아이에게 하는 많은 이야기와 행동들은 모두 '아이를 위한다'는 명분을 담고 있지만, 실상은 나의 가치관을 주입하거나 내 안에 들어 있는 수많은 상처들을 심리적으로 왜곡해낸 결과인 경우가 많습니다.

힘들지 않은 사람, 상처가 없는 사람, 심리적으로 어려움을 겪지 않은 사람이 어디 있겠습니까? 하지만 그것들을 어떻게 이겨내느냐에 따라 나의 행복뿐만 아니라 아이의 성장이 함께 달려있다는 것을 꼭 기억해야 합니다. 자녀를 키우면서 가장 중요한 것은 결국 나 스스로가 행복하고 즐거운 사람이 되어야 하는 것입니다.

그럼 앞으로 아이를 어떻게 키워야 할까요?

우선 학교에 대한 신화를 버렸으면 합니다. 학교는 산업혁명과 함께 나타난 근대산업사회에 맞춰 나타난 교육제도입니다. 철저하게 규격화된 대량생산의 시스템에 맞춰진 제도인 것이죠. 하지만 더 이상 대량생산의 시스템만으로는 통하지 않는 시대가 왔습니다. 다양한 기호가 있는데도 학교는 규격화된 완제품을 찍어냅니다. 결국 아이들은 적응을 못하고 튕겨져 나갑니다.

21세기 교육은 아이들을 박스 안에 가두고 잘라서 똑같이 키워내는 것이 아니라 아이 스스로 선택하고 참여하고 멘토링과 다양한 경험을 통해 자기 길을 찾아가도록 돕는 것입니다.

인류의 바람직한 인재를 통계화시키기 위한 수학자들의 연구결과, 정상에 가장 먼저 도달한 사람은 인간성을 갖춘 사람이었습니다. 호전적인 사람, 경쟁적인 사람이 더 빨리 도달할 것이라

예상했지만 정작 중요한 것은 다른 사람에 대한 배려, 협력이었습니다. 남의 것을 빼앗는 것이 아니라, 협력해야 더 큰 것을 얻을 수 있습니다. 그리고 협력하려면 무엇보다도 다른 사람들을 믿을 수 있어야 합니다. 그러니 내 앞에 올라가는 사람을 밀쳐내고 사다리를 올라가겠다는 생각을 버려야 합니다. 우리는 외길 사다리를 올라가는 것이 아니라 눈앞에 펼쳐진 다양한 갈림길 중에 하나를 선택해서 걸어가고 있습니다. 수많은 길 중에서 스스로 선택한 길을 당당히 걸어갈 수 있도록 하는 것, 그것이 21세기에 맞는 아이들을 길러내는 일입니다.

불안을 버리고 아이와 함께 더불어 행복하려면 어떻게 해야 할까요? 첫 번째는 우리 아이가 0.42퍼센트 안에 들 수 있다는 생각을 버리십시오. 그리고 우리 아이가 0.42퍼센트 안에 들어갔다고 하더라도 그것이 행복을 담보해주는 일인가를 생각해보세요. 경쟁에서 이기면 행복한 삶이 될까요? 결코 그렇지 않습니다. 내 아이를 무엇으로 만들겠다라고 생각하기보다 아이가 앞으로의 삶을 어떤 마음으로 어떻게 살아가면 좋을지를 생각해보세요. 그리고 먹고 사는 일을 너무 걱정하지 마세요. 세계는 넓고 할 일은 많습니다. 부모의 세계관이 넓어지면 아이의 세계관 또한 넓어집니다. 무엇보다 부모들 스스로 협동의 공동체인 마을을 만드는 일에 참여하고 행동하길 바랍니다. 그런 행동과 실천이 우리 아이들의 미래를 더 밝게 하는 길입니다.

생각에서 멈추는 것이 아니라, 행동으로 이어질 때 우리 아이들의 세상은 넓고 다양해질 것입니다. 그러면 여러분 속에 잠든 불안도 점차 해소될 것입니다. 불안의 본질을 깨닫고 아이가 세상 속으로 뚜벅뚜벅 걸어가 제 힘으로 커갈 수 있는 계기를 만들기를 바랍니다. 그렇게 만들어진 행복한 공동체 안에서 다시 만나뵙기를 희망합니다.

제2강

본질, 있는 그대로의 아이를 인정하는 법

- 이승욱. 정신분석클리닉 '닛부타의 숲' 대표, 공공상담소 소장

강연을 시작하면서 주제를 다시 주의 깊게 보았습니다. 오늘의 주제가 '공교육과 사교육, 가정과 외도'입니다. 이 단어들의 연관성을 짚어보니, 무언가 감이 올 것입니다.

외도를 하는 여성들이 제게 고민을 털어놓는 메일을 보냅니다. 그런데 이런 사람들의 이야기를 들어보면 한결같이 이혼을 고려하지 않습니다. "그 사람을 만나고 나서 행복해졌다", "아이들에게 짜증을 덜 내게 됐다", "남편에게 더 잘하게 됐다"고 합니다. 그러면서 가정은 지키고 싶다고 얘기하죠. 가정을 지키기 위해 외도를 한다니 앞뒤가 맞지 않습니다.

'가정이 중요하고 가정을 지키기 위해 어떤 행동을 하는데, 가정을 지킬 수 없는 행동으로 가정을 지킨다'는 논리이니까요. 주객이 전도된 삶이죠. 본말이 전도됐습니다. 그런데 이런 현상이 교육에서도 똑같은 방식으로 일어나고 있습니다. 많은 사람들이 공교육에서 '인증' 받기 위해 사교육에 심혈을 기울입니다. 학교에서의 삶을 지탱하기 위해 학원에 다닙니다. 그런데 아이들은 학교에서는 잠만 자고, 학원에서 반짝반짝합니다. 학원 선생님을 학교 선생님보다 더 좋아합니다. 공교육을 지키려고 하는데, 공교육을 지킬 수 없는 방식으로 행동하고 있지요.

왜 많은 사람들이 사교육에 매달리고 있을까요? 공교육을 지탱하기 위해 행해지는 것이 사교육인데요. 사교육과 공교육은 어쩌면 지엽적인 문제일지 모릅니다. 사교육과 공교육을 말하기 전에 우리가 진정으로 중요하게 여겨야 할 것이 무엇인지 생각해볼 기회가 있었으면 합니다. 그 본질을 이해한다면 사교육과 공교육의 문제도 더 쉽게 접근할 수 있을 것 같습니다.

교육을 이야기하기에 앞서 저는 이런 질문을 던져보려고 합니다. 교육의 가장 중요한 지점이라고 생각하는 질문입니다.

우리는 제대로 성장하고 있는가?

부모들이 먼저 생각해보아야 할 일이 하나 있습니다. 스스로를 신뢰하지 못하는 부모 밑에서 자란 아이가 과연 스스로를 신뢰하는 어른으로 성장할 수 있을까요? 부모 스스로가 자신에 대한 충분한 이해도, 수용도 없어서 자신에 대해 확신하지 못하는데, 그 부모를 보며 자란 아이가 어떻게 스스로에 대한 확신을 가질 수 있을지에 대한 의문이 듭니다. 그래서 한 인간으로 제대로 성장하는 것은 나와 우리 아이에게 매우 중요한 문제가 될 수밖에 없습니다.

그렇다면 우리 삶에서 가장 중요한 것은 무엇일까요? 저는 '통합된 인간으로의 성장'이라고 생각합니다. 요즘 화제가 되고 있는 아이의 인성 중에 정서지능이 있습니다. 정서지능이 월등할 때 아이의 전반적인 삶이 향상된다고 하지요. 하지만 아이에게 중요한 것이 '정서지능'만 있는 것은 아닙니다. 인지, 정서, 관계, 운동 등 모든 지능이 통합되어야 하고, 아이가 자기 스스로를 책임질 수 있는 '어른'으로 성장하는 것이 중요합니다. 그리고 부모는 아이가 제대로 된 어른으로 성장할 수 있는 환경을 제공해야 합니다. 부모 스스로 돌아보았을 때 내면에 결핍된 것이 있으면 자식을 키우면서 다시 재성장할 수 있어야 합니다. 바로 아이와 부모가 함께 성장하는 것이지요. 주객이 전도된 삶을 살면서, 본질을 외면하고 주변의 것에만 관심을 기울여서는 결코 부모든, 아이든 통합된 인간으로 성장할 수 없습니다. 그래서 우리는 본질적인 것에 집중해야 합니다.

이 질문에 답하기 위해서는 아이에게 아이가 필요한 환경을 제공해주고 있는지 살펴보아야 합니다. 아이를 관찰하면서 아이가 무엇을 원하는지 보아야 합니다. 이런 물음은 사교육과 공교육 시장에 똑같이 적용됩니다.

그렇다면 아이를 제대로 성장시키기 위해서 부모는 어떤 본질적인 노력들을 기울여야 할까요? 인간이 성장하기 위해 꼭 필요한 조건이 신뢰, 인정, 자율성, 근면성, 방황·부정입니다.

키에르케고르는 "인간에게 있어 죽음에 이르는 병은 절망"이라고 말했습니다. 그만큼 인간이라는 존재는 희망이 없으면 이 세상을 살아가지 못합니다. '세상은 살아볼 만하다'라는 희망이 있어야 하는 것이지요. 그렇다면 희망은 어떻게 생길까요? 바로 나에 대한 신뢰와 타인에 대한 신뢰가 있어야 희망이 생깁니다.

신뢰의 기초가 어디서부터 형성되는지 이해가 필요할 것 같습

• •

인간이라는 존재는 희망이 없으면
이 세상을 살아가지 못합니다.
'세상은 살아볼 만하다'라는 희망이 있어야 하는
것이지요. 그렇다면 희망은 어떻게 생길까요?
바로 나에 대한 신뢰와 타인에 대한
신뢰가 있어야 희망이 생깁니다.

니다. 태초의 성장 과정부터 차근차근 살펴보도록 하겠습니다. 발달심리학에서는 인간에게 내면의 신뢰감이 생기는 시기를 태어난 직후, 삶의 가장 최초의 시간이라고 말합니다. 태어나서부터 12개월 무렵까지라고 하는데 좀 더 구체적으로는 수유기를 말합니다. 수유기는 아이의 내면 형성에 무척 중요한 시기입니다.

왜냐하면 주 양육자의 수유 태도가 아이의 내적 신뢰감 형성에 막대한 영향을 주기 때문입니다. 그렇다면 어떤 수유 방법이 아이의 내적 신뢰감이라는 덕목을 잘 쌓을 수 있도록 돕는 것일까요? 해답은 수유 원칙에 있습니다. 보통 수유 원칙은 크게 두 가지로 나뉩니다. 하나는, 아이가 배고파 울 때마다 젖을 주는 것이고 또 다른 하나는 시간 간격을 맞춰서 주는 방법입니다. 대체로 신생아의 경우 2시간 내지 2시간 30분 정도의 간격으로 젖을 주죠.

두 가지 방법에 대해 알아보겠습니다. 배가 고파서 신호를 보낼 때 젖을 준다면 아이들은 스스로 자기 몸의 감각을 느끼고 몸에 대한 예민성을 기를 수 있다고 합니다. 또 자기의 욕구를 드러내는 학습효과도 생기지요.

시간 간격에 맞춰서 젖을 주는 경우, 아이들의 생체리듬이 안정적일 수 있다는 생각입니다. 그리고 수유하는 엄마 또는 주 양육자의 입장에서도 아이의 양육을 계획적이고 안정적으로 할 수 있다고 합니다.

아이의 내적 신뢰감 형성에 가장 중요한 과제인 수유의 원칙. 어떤 방법이 좋을까요?

정답은 '둘 다 맞다' 입니다. 하지만 수유 방법은 중요하지 않습니다. 우리가 기억해야 할 것은 두 방법을 섞어서 수유하는 것이 최악의 수유 방법이라는 것입니다. 두 방법이 모두 괜찮다고 해서 두 방법을 함께 쓴다면 그 자체만으로 아이에게 가장 나쁜 수유 방법이라는 거지요.

왜 최악의 방법이라고 하는 걸까요? 우리가 어떤 관계에서 신뢰를 형성하기 위해 필요한 가장 중요한 덕목은 '일관성', '예측가능성'입니다. 거짓말하는 사람을 믿을 수 없는 이유는 예측 가능하지 않기 때문입니다. 수시로 마음이 변하는 사람을 신뢰하기란 너무 어렵죠. 그럼 어린아이의 입장으로 돌아가볼까요? 수유는 아이의 생명을 유지하는 데 있어서 가장 중요한 행위입니다. 그래서 아이에게 수유 행위는 자신의 전 존재를 거는, 목숨을 걸어서 획득해야 하는 것입니다. 그런 수유 행위가 이랬다 저랬다 일관성이 없다면 아이들이 이 세상을 신뢰할 수 있을까요? 이때 아이의 몸에 새겨진 불확실성과 불안함, 불신은 나중에 논리적으로 설득시킬 수 있는 문제가 아닙니다.

또 하나의 문제는 부모들이 아이를 키우면서 어떻게 젖을 주었는지 그 패턴을 기억하거나 자각하지 못한다는 것입니다. 친정어머니나 키워주신 분에게 물어보세요. 그분들이 정확하게 기억하시는지요. 아마 "울면 물렸지"라고 하실지 모르겠습니다. 바쁜 집안일도 해야 하고, 어린 오빠나 언니가 있으면 그 아이들도 돌봐야 했을 테니 이를 제대로 인지하기는 힘들 수도 있습니다.

그럼 여러분은 자녀에게 어떤 수유패턴으로 젖을 주었는지 한번 생각해보시길 바랍니다. 어떤 방법이든 상관은 없지만, 일관성 있게, 아이의 몸이 예측 가능하게 젖을 물렸는지가 매우 중요합니다. 가능한 문제를 빨리 알고 교정하는 것이 두 번째로 좋은 치유법입니다.

아이와 부모와의 관계에서 믿음과 신뢰는 너무나 중요합니다. 이때 수유는 아이의 인생에서 신뢰의 기초를 형성합니다. 아이가 성장하기 위해서 아이에게는 가장 안전하고 튼튼한 베이스캠프가 있어야 되는데 그 베이스캠프가 바로 신뢰입니다. 엄마들이 수유뿐만 아니라 모든 양육에서 적용하고 유념해야 될 부분이 예측 가능성과 일관성입니다. 그것이 삶 전체의 신뢰감을 형성하는 데 결정적인 역할을 합니다.

그럼 수유기를 지나 중요하게 기억해야 할 인간의 발달 과정을 알아보겠습니다.

빠르면 생후 8개월, 보통은 10~12개월 정도에 아이들은 '엄마'라는 최초의 단어를 사용하게 됩니다. 최초의 단어가 바로 최초의 인간을 지칭한다니 참 재미있습니다. '하이데거'라는 아주 유명한 철학자가 이렇게 말했습니다.

언어는 존재의 집이다.

언어가 존재의 집이라면 아이가 쓴 최초의 언어인 엄마는 바로 아이의 존재의 집인 셈입니다. 그 말은 아이는 아직 자기 자신만의 존재를 담을 언어, 즉 집이 없다는 뜻이기도 하고 엄마라는 타인을 통해서만 자신을 인지하고 획득한다는 말이기도 합니다.

우리는 왜 이렇게 부모의 인정을 갈구하게 되었을까요? 이건 우리 아이들에게도 가장 근원적인 관심사입니다. 너무나 당연하게 원했던 것이라 의심을 가지는 것 자체가 어색할 수 있습니다. 하지만 정신분석학에서는 인간의 무의식적 내면에 부모의 인정이 본능적으로 각인되며 삶 전체를 관통하는 중요한 요인으로 보고 있습니다.

알베르트 카뮈의 유작 중 『최초의 인간』이라는 소설이 있습니다. 최초의 인간이라는 말이 눈길을 끕니다. 인류 역사에서 최초의 인간을 밝혀내는 것은 불가능하겠지만 우리 인생에서 최초의 인간을 밝혀내는 건 가능합니다.

그렇다면 우리의 인생에서 최초의 인간은 누구일까요?

내 인생에서 만난 가장 인상적인 사람을 최초의 인간으로 정한 분도 있을 수 있겠죠. 하지만 추측컨대, 내 인생 최초의 인간은 '어머니'라고 대답한 경우가 대부분일 겁니다. 어머니는 아이에게 세상의 모든 타자를 총합하고 대표하는 인물입니다. 이 시기의 아이에게 이모, 고모, 사촌 누나, 작은 아버지 같은 개념들이 있을 거라고 생각하지는 않으실 겁니다. 모든 인간은 이 '어머니' 안에 다 들어가 있습니다.

이와 관련된 가장 확실한 사실을 상기시켜 드리겠습니다. 혹시 여러분 자신을 포함해서 주변에서 갓난아이가 가장 먼저 말한 단어가 '나'였다는 경우를 들어본 적이 있는지요? 아이들이 세상에 태어나서 몇 개월 지나면 '맘마'나 '빠빠' 같은 말들을 옹알이처럼 하게 되는데, 그런 의미 없는 단어들 말고 목적지향의 단어, 즉 대상을 지칭하거나 의사를 표현하는 말들을 사용하기 시작할 때 최초로 하는 말이 무엇일까요? 열에 아홉은 '엄마'입니다. 간혹 '아빠'를 먼저 한다는 아이는 있어도 '나'를 먼저 지칭하는 아이를 본 적은 없습니다.

우리가 자아를 형성하는 과정에서는 일인칭인 내가 아니라 이인칭인 엄마가 먼저 형성됩니다. 즉 이인칭이 더 중요한 것입니다. 자아를 쌓아가는 순서의 기층부에 자아인 내가 있고 2층에 엄마가 있는 게 아니라, 기층에 타자인 엄마가 먼저 있고 2층에 자아가 생기는 겁니다. 끊임없이 자기 존재를 확인하기 위해 타자의 확인을 필요로 하는 메커니즘이 우리 내부에 처음부터 만들어졌다는 의미입니다.

이 과정에서 부모가 긍정적인 인정과 자극을 충분히 제공했다면 아이의 자아는 건강하게 형성되었을 것입니다. 그리고 이 시기에 자신이 충분하고도 건강한 '존재'임을 인정받았다면 아이는 성장하면서, 또 어른이 되어서도 타인의 인정에 일희일비하지 않을 가능성이 많습니다.

이 시기에 인정을 위한 아이와 엄마의 가장 중요한 대화는 '쳐다봄'입니다.

"인간은 응시에 의해 조각된다"는 말을 들어보았나요? 그만큼 나를 향한 시선은 중요합니다. 시선에 담긴 온도가 건강한 자아를 결정짓는 것이지요. 나의 부모가 나를 어떤 눈빛으로 쳐다보았는지 기억하나요? 그럼 내가 아이를 어떤 눈빛으로 바라보았는지는요? 내가 아이를 평소에 사랑스런 눈빛으로 바라봤다면 아이는 스스로를 사랑스런 존재로 생각하고, 만약 눈길조차 주지 않았다면 그 아이는 스스로를 없는 존재로 생각할 수 있습니다. 엄마가 진정한 애정을 담아서 다정하고 따뜻하게 아이를 쳐다보는 시간이 많을수록 아이의 자기인정감은 건강하고 튼튼하게 형성됩니다. 엄마가 자신의 신체언어를 통해 아이를 어떻게 대했는가는 사실 성인이 된 아이도, 심지어 아이를 기른 어머니 자신도 기억하지 못합니다. 이런 응시의 기억은 의식화되지 않고 그냥 무의식적으로 몸 속에 저장돼 우리 삶에 지속적으로 영향을 미칩니다. 기억할 수 없다고 해서 저장되지 않은 것은 아닙니다.

주변 사람들이 자신을 주로 어떤 시선으로 쳐다보는지 한번 눈여겨보세요. 사실 가족 간에도 상대를 따뜻하고 사랑스럽게 쳐다보는 눈길은 많지 않습니다. 부부, 연인은 또 어떤가요? 여러분은 소중한 이들과 '인정의 기억'으로 각인될 눈길을 주고받고 있는지요?

세상을 믿는 것은 중요합니다. 다른 사람을 신뢰하는 것도 아주 중요합니다. 하지만 자기 자신을 믿는 것이야말로 가장 중요합니다. 세상이나 타인을 신뢰한다는 것은 자기 자신에 대한 신뢰를 가지지 못하면 불가능한 일입니다. 모든 신뢰의 출발은 자기 자신으로부터 시작되기 때문입니다.

우리는 사람과 관계를 맺을 때 '저 사람은 믿을 수 있을까?'라는 생각을 할 때가 종종 있습니다. 거래 관계뿐만 아니라 이웃사람, 친구, 심지어 가족 관계에서도 이런 의심을 할 때가 있습니다. 이렇게 우리 대부분은 다른 사람을 믿을 수 있을지 고민할 때가 있습니다. 그렇다면 다른 사람에게 나는 믿을 수 있는 사람인지를 고민해본 적이 있나요? 나는 다른 사람에게 신뢰감을 주는 사람이라고 자신할 수 있는 사람은 얼마나 될까요?

관계에서 신뢰는 너무나 중요합니다. 신뢰하지 못하는 관계는 '관계'라기보다는 '게임'에 가깝습니다.

예를 들어, 아직 서로의 애정에 대해 확신이 없는 연인뿐만 아니라 부부 간에도 신뢰가 없으면 묘한 심리게임을 하기 십상입니다. 이건 부모-자녀 간에도 그렇습니다. 건강하지 못한 관계의 전형이라고 할 수 있습니다. 중요한 관계일수록 신뢰가 없다면, 그곳은 지옥일 가능성이 많습니다. 사람들의 모둠살이에서 신뢰

• •

세상을 믿는 것은 중요합니다.
다른 사람을 신뢰하는 것도 아주 중요합니다.
하지만 자기 자신을 믿는 것이야말로
가장 중요합니다.

는 관계의 근본입니다.

그렇다면 관계는 어떻게 신뢰를 기반으로 형성될 수 있을까요? 앞에서 이야기한 대로, 나 자신이 먼저 신뢰감을 주는 사람이어야 합니다. 신뢰감을 주는 사람은 자기 스스로를 신뢰하는 사람입니다. 이것은 관계를 맺는 것뿐만 아니라 자신의 인생을 개척해 나가는 데 치명적으로 중요한 내적 가치입니다. 그렇다면 또 의문은 생겨납니다. 어떻게 내 아이가 '스스로를 신뢰하는 사람'이 될 수 있도록 키울 것인가?

그래서 저는 아이를 키우는 과정이 바로 부모 자신이 새롭게 성장하는 과정이 되어야 한다고 생각합니다. 양육 기술과 육아 상식을 많이 안다고 해서 아이를 잘 키우는 것은 아닙니다. 아이는 아무런 편견이 없는 존재이기 때문에 다른 사람의 반응을 가장 민감하게 느끼는 존재이기도 합니다. 부모의 불안과 분노와 두려움을 가장 잘 느끼는 존재가 바로 여러분의 아이입니다. 그러니 부모가 먼저 자신의 내면이 성장하는 경험을 하면서 아이와 함께 성장해야 합니다.

그럼 '신뢰와 인정' 이후에 아이는 어떤 과정을 거치게 될까요? 바로 자율성의 확립입니다. 신뢰와 인정을 바탕으로 아이들은 다음 발달 단계로 자율성을 획득하려고 합니다. 아이가 만 한 살 정도가 되면 직립보행을 합니다. 아이들은 직립보행을 하면서 활동이 자유로워집니다. 자기 의지대로 원하는 곳을 갈 수 있으니까요. 인간의 원형은 먹이탐색입니다. 직립보행을 하고 혼자 걸어다닐 수 있으면서부터 먹이를 구합니다. 이뿐만 아니라 아이에게 가장 발달된 감각기관이 혀, 미뢰입니다. 아이들은 이때 새로운 세상을 직접 보고 만져보고 느껴보면서 끊임없이 세상을 탐험합니다. 이것은 인간이 성장하기 위한 필수 조건입니다. 이때는 나에 대한 인식이 매우 뚜렷해지는 시기이기도 합니다. 아이들이 크는 걸 지켜보세요. 젖을 떼고, 서서 걷기 시작하고, 이런 저런 물건을 자기 마음대로 가지고 놀 수 있게 되는 두세 살 무렵이 되면 쓰는 단어 또한 바뀝니다. "내 거야", "내가 할 거야"등과 같이 일인칭 용어를 많이 씁니다.

안타깝게도 이처럼 자아의 확립이 이루어지는 시기에 아이들은 통제와 규제를 훨씬 더 많이 경험합니다. 요즘 한국 사회는 구획이 나눠진 아파트에서 통제된 삶을 살아갑니다. 또 많은 부모들은 사교육을 통해 아이를 통제합니다. 이로 인해 아이들의 자율성의 씨는 말라갑니다.

심리학자들이 한국의 가정에서 두세 살 된 아이들에게 어떤 말을 가장 많이 하는지 조사해봤더니, "안 돼", "하지 마"와 같은 금지 명령어를 60~70퍼센트나 쓰는 것으로 나타났다고 합니다. 자율성이 가장 왕성하게 자라나야 할 시기에 금지 명령어부터 인식하게 되는 것이지요. 이 시기에 자율성의 근간이 제대로 마련되지 않으면 청소년기에 무기력해질 수밖에 없습니다. 과거에는 아이들이 싸우고 담배를 피우는 등의 일탈 행동 때문에 상담실을 찾았다면, 요즘 아이들의 절반 이상은 무기력함 때문에 상담실을 찾습니다. 한참 자율성이 꽃피워야 될 두세 살의 시기에 자율성을 체화시키지 못했기 때문입니다.

자율성의 시기가 지나 초등학교 시절이 되면 성장을 위해 어떤 것들이 가장 필요할까요? 이 시기 아이들에게 형성되는 가장 부정적인 감정이 열등감입니다. 열등감은 부정적 감정 중에서 사회적 자아로서 가장 중요한 감정입니다. 발달 심리학에서 열등감의 반대말은 바로 근면성입니다. 이 시기에 가장 중요한 것은 과제를 잘하는 것이 아니라 과제를 다 하는 근면성인 거죠.

학령기 시절의 아이들이 열등감을 느끼지 않으려면 스스로 과제를 다 했다는 느낌을 가질 수 있어야 합니다. 부모들이 이에 대해 잘 이해하고 기억해야 합니다.

예를 들어 어떤 아이가 수학 점수를 68점 맞았습니다. 그 아이는 열심히 공부를 해서 다음 시험에 80점을 맞았습니다. 아이의 성장을 중요시하는 부모라면, 아이가 최선을 다해 80점을 했다는 것에 초점을 맞춰 칭찬을 해줘야 하고 그 노력에 박수를 쳐줘야 합니다. 그러나 많은 부모들은 "왜 100점을 맞지 못했지?"라고 아이에게 묻습니다.

100점을 맞아가면 어떤 엄마는 "시험이 쉬었나 보지? 100점 맞은 사람 몇 명이야?"라고 물으며 바로 비교 평가가 들어갑니다. 이렇게 과제를 잘했느냐 여부에 따라 평가를 하면 아이는 부담감으로 자신의 과제를 완수하지 못하게 되고, 결국 아이에게 열등감을 느끼게 만드는 것이지요.

한 명문대의 교수가 상담실을 찾아온 적이 있습니다. 상담을 온 이유는 바로 열등감 때문이었습니다. 최고의 성적만을 받아온 사람인데 왜 열등감이 생겼나 봤더니 어린 시절에 단 한 번도 엄마가 자신을 인정해주지 않았다고 합니다. 남들이 보기에는 부러워할 최상의 조건인데 어른이 되어서도 끝없는 열등감에 괴로워합니다. 너무 안타까운 일입니다.

평가와 인정은 떼려야 뗄 수 없는 관계입니다. 하지만 아이는 평가해야 할 대상이 아니라 그냥 인정해야 하는 존재입니다. 평가하는 순간, 아이는 위축됩니다. 아이는 평가가 자신을 결정짓고 규정해버릴까봐 두려워합니다. 아이들에게 가장 중요한 것은 잘했냐가 아니라 다 했냐입니다. 잘했냐는 것에만 초점을 맞추지 말고 다 한 것을 칭찬해주어야 합니다. 아이를 어떤 잣대에 놓고 바라보는지에 따라 아이의 행복도가 달라집니다. 다 한 것만으로도 그 아이는 충분히 바람직한 성장 과정을 거치고 있습니다.

많은 부모가 제게 고민을 토로하며 상담을 신청합니다. 특히나 중학교에 다니는 아이의 급격한 변화를 못 견뎌 하는 부모가 많습니다. 하지만 너무 걱정하지 마십시오. 아이들이 제대로 된 어른으로 성장하려면 방황의 시기, 부모를 부정하는 시기가 필요합니다. 중학교 2학년 정도가 되면 아이들은 자신만의 세계를 만들어갑니다. 한마디로 애벌레에서 성충으로 변하는 '사회적인 신생아'가 되는 시기입니다. 부모에게 반항도 하고, 자기가 하고 싶은 것을 해보고 싶어합니다. 그러나 많은 부모들은 이 시기를 잘 견디지 못하고 당황스러워합니다. 또 부모의 뜻대로 아이를 이끌어가려 하지요.

아이들과의 관계는 파탄이 나도 공부는 잘해야 한다고 생각하는 부모들이 있습니다. 그런데 다시 생각해보면, 성적이나 평가 때문에 부모가 아이를 있는 그대로 기꺼이 받아들이지 못합니다. 성적이나 평가를 버리고 부모들은 아이와의 관계를 그냥 기

께이 즐기고, 아이들에게 언제라도 돌아와 쉴 수 있는 베이스캠프가 되어줘야 합니다.

무엇보다 부모가 행복해야 아이들도 행복합니다. '누군가의 아들, 딸, 부모, 배우자로서의 나'가 아닌 '개인으로서의 나'의 삶을 꿈꿔야 하는 이유가 여기 있습니다. 아이들에게 부모의 대리인으로서의 삶을 강요하지 마세요. 아이의 성장을 자신의 성장으로 대체하려는 부모들이 지금 대한민국에 너무나 많습니다. 아이가 가장 행복할 때가 언제일까요? "엄마는 너를 사랑해"라고 말할 때가 아니라 "엄마가 참 행복해"라고 말할 때라고 합니다. 내 옆에 있는 존재인 아이와 마음껏 즐길 수 없고 다른 것에서 즐거움을 찾고자 한다면, 저는 그것이 외도라고 생각합니다. 주객이 전도된 삶, 본질을 죽인 삶이라고 생각합니다. 우리 아이를 그냥 있는 그대로 받아들이고 즐기세요. 공교육과 사교육도 같은 관점입니다. 본질에 충실할 때 그 눈이 밝아집니다.

또한 타인의 눈을 의식해서 '남들처럼'의 삶에 너무 얽매이지 마세요. 정형화된 삶은 정답이 아닙니다. 남들 눈에 갖춰야 하는 명문대, 대기업, 중형급 차, 40평대 아파트가 행복의 본질이 아닙니다. 프랑스 68혁명 때 라캉은 '불가능한 것을 상상하자'라는 구호를 내걸었습니다. 지금 우리에게 필요한 것도 불가능한 세상을 꿈꾸고, 그런 세상을 가능하게 하는 일이라고 생각합니다. 우리 아이들이 살아갈 세상을 함부로 재단하지 말았으면 합니다.

본질적인 질문을 던져보기를 바랍니다. '내가 원하는 세상에서, 나는 어떤 사람으로 살 것인가'에 대해서 진심으로 자문해보세요. 그리고 자녀에게 어떤 삶을 물려주고 싶은지 본인이 가고 싶은 방향으로 그 삶을 닮아갔으면 좋겠습니다. 아이를 평가하지 말고 있는 그대로 즐기고 기꺼워하시기를, 본질 그 자체를 추구하는 삶을 사시기를 바랍니다.

제3강

정서, 올바른 감정 교육 코칭

- 조선미. 아주대병원 정신건강의학과 교수

"남들은 성공했다고 하는데 저는 행복하지가 않습니다."

상담을 하면서 참 많이 듣는 이야기입니다. 이런 사람들은 많은 것을 이루어도 그만큼 채워지지가 않고 온전한 성취감을 느낄 수가 없습니다. 그리고 더 많은 것을 갈구하게 됩니다. 좌절 앞에서 방황하고 자꾸 도망치고 싶어합니다. 인생의 다음 단계로 넘어가지 못하는 경우도 많지요. 몸은 성인인데 마음은 어린아이처럼 한껏 웅크리고 있습니다. 많은 부모들이 제게 묻습니다. 어떻게 하면 아이를 성공적으로 잘 키울 수 있냐고요. 하지만 성공의 기준이 무엇일까요? 많은 부모들이 자신의 아이가 나보다는 더

나은 삶을 살기를 바랍니다. 그래서 공부 잘하고 좋은 대학 가고 좋은 직장 들어가 돈을 많이 벌기를 바라죠. 그런데 이렇게 하면 정말 성공하고 행복할까요?

실제로 그렇지 않은 경우를 저는 많이 목격합니다. 우리 인생에서 정말 중요한 것이 있습니다. 바로 감정 조절의 문제입니다. 인생을 잘 살아가기 위해서는 감정을 잘 다스려야 합니다. 감정을 잘 다스리지 못하는 사람은 스트레스를 많이 받습니다. 같은 상황이라도 유난히 스트레스를 더 많이 받는 사람들이 있습니다. 살다보면 아무리 좋은 대학을 나오고 좋은 직장에 들어가도 힘든 일투성이입니다. 그런 세상에서 아이가 자기 감정을 잘 다스리지 못한다면 그 아이는 행복할 수 있을까요?

어른이 된다는 것은 무한정의 자유가 주어지는 것이 아닙니다. 기대와 책임, 의무의 무게가 더해지는 과정입니다. 우리 아이들이 살아가야 할 세상은 이런 곳입니다.

자신의 감정을 견디고 달랜다는 것은 불안하거나 불쾌한 기분을 즉시 표출하는 대신 잠시 반응을 보류하는 것입니다. 시간이 지나면 괴로운 감정이 가라앉는다는 것을 믿고, 그때까지는 한 발짝 뒤로 물러나 기다리는 것입니다. 현재 나를 괴롭히는 것이 현실이 아니라 감정이라는 것을 인식하면서 잠시 감정에 거리를 두고, 기분이 나아질 수 있는 활동을 합니다. 이런 사람으로 아이를 키우려면, 울거나 화를 내거나 짜증을 부리는 아이를 보고서 즉각적으로 반응하고 행동하는 것을 피하기를 바랍니다. 부모가 나서서 아이의 감정을 해결하고 해소해줄 필요가 없습니다.

아이들 역시도 제한 없는 자율에는 불행을 느낍니다. 아이는 안전하고 융통성 있게 둘러쳐진 경계 내에서의 자율을 가장 필요로 합니다. 부모는 기본적으로 아이가 자유를 누리게끔 해주면서 위험으로부터 보호해주는 틀이 되어야 합니다.

제가 매일 만나는 의대생들 중에서 힘든 의대 생활 6년을 마친 뒤, 인턴과 레지던트 과정에서 그만두는 경우가 많습니다. 환자나 환자 보호자, 병원의 여러 사람들과의 갈등을 견뎌내지 못하고 거기에서 오는 스트레스와 자기 감정을 잘 다스리지 못한 까닭입니다. 그렇게 힘들게 공부해놓고 정작 감정 앞에서 무너져버린 것입니다.

또한 주변에서 신규 간호사, 신규 유치원 교사 등 사회 초년생들의 이직률이 높고, 이들로 인한 조직 갈등이 많다는 얘기를 종종 듣습니다. 이런 현상은 조직에서 어려운 일에 부딪히고 타인과 갈등이 생겼을 때 자신의 감정을 다스리지 못하고 세상에서 도망치는 사람들이 많아졌다는 것을 보여줍니다.

자기 감정을 다스리는 법을 배우지 못하면 삶을 살면서 부딪히는 수많은 난관과 어려움을 어떻게 처리해야 될지 몰라 우왕좌왕하게 됩니다.

그런데 안타깝게도 자기 감정을 다스리지 못하는 아이들이 더욱 많아지고 있습니다. 많은 부모들이 눈에 보이는 결과는 중요하게 생각하지만 이런 것들은 사소하게 여기고 지나칩니다. 하지만 전혀 사소한 것이 아닙니다. 인생에서 매우 중요한 부분입니다. 우리 아이가 가야 하는 방향이 어떤 방향인지 한번 생각해보았으면 합니다. 가족과 자신을 책임지고 어려움을 헤쳐나갈 수 있는 어른으로 키울 것인지, 스펙만을 장착한 아이로 키울 건지 생각해볼 필요가 있는 것이지요. 감정을 조절하고 수용하고 처리할 능력이 없으면 결코 성숙한 어른이 될 수 없습니다. 하고 싶은 것이 있다, 이것을 하고 싶지 않다, 이런 욕망들을 조절하고 견디어가는 것이 어른이 되어가는 과정입니다. 삶이란 끊임없이 인생에서 만나는 도전과 어려움을 헤쳐나가면서 한 단계씩 성장하고 자신만의 것으로 채워나가는 과정입니다.

자신의 아이가 아이에서 머무는 것이 아니라 어른으로 성장해서 자기 자신을 책임질 수 있는 사람으로 키우고 싶다면, 부모들이 어렸을 때부터 아이가 감정을 잘 다스릴 수 있도록 도와주어야 합니다. 아이는 살면서 여러 가지 일을 겪게 됩니다. 항상 아이 옆에서 아이의 모든 것을 안쓰럽다고 대신해주고 피해가게 해 줄 수는 없습니다.

그렇다면 아이들이 감정을 잘 다스릴 수 있게 하려면 어떻게 해야 할까요?

바로 아이의 감정을 있는 그대로 인정해주되, 행동은 잘 통제해야 합니다. 말은 간단하지만 실제로 적용해보면 쉽게 되지 않습니다. 저는 이 시간에 마음 읽기와 행동 통제에 대한 정확한 방법을 알려드리려고 합니다.

요 몇 년 사이에 '감정코칭', '마음 읽기'가 유행이 되면서 많은 엄마들이 감정을 읽어주는 것에 대해 잘 알고 있습니다. 그러나 대부분 마음을 읽어주는 것에만 신경을 쓰고 행동을 통제하는 부분은 놓치고 맙니다. 또 제한 없이 마음 읽기를 시도해서 역효과를 냅니다. 마음 읽기는 아무 때나 하는 것이 아닙니다. 무엇보다 감정코칭은 한 가지만을 잘해서 되는 것이 아니라 두 가지를 항상 염두에 두셔야 합니다.

감정은 읽어주되, 행동은 통제하는 것이 핵심입니다.

예를 들어보겠습니다. 초등학교 6학년 아들이 숙제를 해야 하는데 숙제를 하기 싫어하고 힘들어하는 상황에서, 어떻게 아이의 감정을 읽어주어야 될까요? 만약 마음 읽기를 해보라고 하면 부모는 아이에게 "숙제하기 싫구나~"라고 반응합니다. 부모가 그렇게 마음 읽기를 해주면 우리가 예상한 대로 아이들이 알아서 "정말 숙제하기 싫지만 해야 하는 거니깐 할게요"라고 말하기를 기대합니다. 그런데 아이들은 여전히 숙제를 하기 싫다고 말합니다. 부모가 원하는 결과가 아니지요. 그렇다면 이럴 때 부모가 할 수 있는 행동은 무엇일까요?

아이에게 "숙제하기 싫어? 그래 싫겠다. 그런데 숙제는 해야 해"라고 말하는 것이 제대로 된 마음 읽기입니다. 하지만 대부분의 엄마들은 마음을 읽어주는 것만 기억을 합니다. 누군가 자기 마음을 알아주는 경험을 해본 일이 드물었던 엄마 세대들은 과하게 감정 이입을 하고 마는 것이지요. 그래서 그 부분만 강조해서 듣는 경향이 있습니다. 마음을 알아주는 것은 대화의 기본입니다. 하지만 그럴 필요가 없는 상황에 대해서도 잘 알고 있어야 합니다.

마음 읽기를 하지 말아야 하는 상황은 • 뭔가 아이에게 할 일을 지시해야 할 때 • 긴급하고 바쁜 상황 • 부모 기분이 안 좋을

• •

아이의 감정을 있는 그대로
인정해주되, 행동은 잘 통제해야 합니다.
'마음 읽기'와 '행동 통제'
한 가지만을 잘해서 되는 것이 아니라
두 가지를 항상 염두에 두셔야 합니다.

때입니다.

하루에 한 번, 여유가 있고 지시하지 않아도 되는 상황에서 마음 읽기를 하고, 행동을 어떻게 통제할 것인가에 대해서도 집중해야 합니다. 감정을 소통하는 대화는 서로 편안하고 긴급하지 않은 상황에서 하는 것이고, 자주 할 필요도 없습니다. 이렇게 아이가 어렸을 때부터 짧게 3분, 5분 정도의 시간을 내 하루에 한 번씩 아이와 소통을 하면, 아이가 한참 예민한 시기인 사춘기가 돼도 아이와 대화가 단절되지 않고 소통할 수 있습니다. 지금이라도 시작하면 아이와 평생 좋은 관계를 유지할 수 있습니다.

실제 엄마와 딸 사이의 소통이 되지 않아 문제가 된 사례를 소개해드리겠습니다.

한 어머니가 고등학교 2학년인 딸과 함께 상담실을 찾았습니다. 저는 먼저 아이를 만났습니다.

"평소 엄마랑 대화는 많이 해?"

"말은 많이 하는 것 같아요."

아이와의 대화를 마치고 어머니도 함께 자리를 했습니다.

"어머님이 아이를 키우면서 잘못했구나 싶을 때가 언제인가요?"
"딸이 어렸을 때 친구들 사이에서 힘들어했는데요. 제가 계속 딸에게 '네가 참아라', '네가 잘못했으니까 그랬겠지'라고 한 게 잘못한 것 같아요."
"그럼 딸에게 미안함을 표현해보는 것이 어떨까요?"

그러자 어머니는 딸에게 "엄마가 미안해. 그때 네가 많이 힘들었을 텐데 엄마가 몰라줘서 미안해"라고 말을 건넸습니다. 그러자 딸은 "됐어"라고 대답했습니다. 그래도 어머니는 "넌 됐을 줄 모르지만 엄마가 미안해. 그땐 엄마가 힘들었어. 정말 미안해"라며 계속 "미안하다"고 했습니다. 딸은 계속 "옛날 일 들춰서 뭐해? 그만해. 그런 얘기 이제까지 너무 많이 들었어. 됐어"라고 말했습니다. 그래도 어머니는 "엄마 얘기 들어봐. 엄마가 정말 미안해"라고 계속 딸에게 이야기를 했습니다.

이런 상황에서 엄마가 딸에게 진심으로 미안함을 전하면서 진정 어린 소통을 하고 있는 것일까요? 이 어머니는 자신의 일방적인 미안한 감정을 표현하는 거지, 아이를 정말 이해하면서 말하는 것이 아닙니다.

고등학교 2학년인 그 딸은 마음속으로 '칫. 엄마가 알긴 뭘 알

아. 말만으로 안다고 하는 거지, 진짜 미안하다고 생각하는 게 아니야'라는 생각을 하고 있을 것입니다.

"선생님, 저는 더 이상 이야기하고 싶지 않아요. 저는 그동안 엄마에게 이런 이야기 많이 했어요."

"저도 생각해보니 아이는 평소에 SOS를 많이 쳤던 것 같습니다. 그런데 늘 제가 아이에게 참으라고 했어요."

결국 제가 이 엄마와 딸에게 각자의 입장에 대해 설명해주고, 무엇을 놓치고 있었는지 지적해주자 엄마와 딸이 눈물을 왈칵 쏟아냈습니다.

소통은 서로의 마음이 전달되어야 하는 것입니다. 한쪽이 일방적으로 메시지를 전달하는 것은 소통이 아닙니다. 어려서부터 자신의 감정을 이해받고 소통이 된다고 느낀 아이는 커서도 부모에게 마음의 문을 엽니다. 그리고 감정적으로 부딪힌다 해도 얼마 지나지 않아 소통의 돌파구를 찾습니다. 지속적으로 부모와 자녀 간의 건강한 관계를 형성하는 것이지요. 이때 부모는 아이의 감정을 이해하고, 아이가 감정을 잘 다스리도록 이끌어주어야 합니다.

감정코칭에 대해 많은 부모들이 오해하는 것이 있는데 감정코칭은 결코 엄마가 아이를 달래주는 걸 말하는 것이 아닙니다. 그저 아이의 감정을 있는 그대로 인정해주는 것입니다. 화나고 슬프고 서럽고 실망스럽고 억울한 감정을 그냥 인정해주는 것입니다. 부정적인 감정을 아이가 나타내면 부모는 "괜찮아"라고 흔히들 이야기하지만 "괜찮아"라는 것은 감정을 인정하지 않는 것입니다. 실망스럽고 속상한 마음도 인정해야 되는 감정입니다.

감정코칭의 1단계는 감정을 인정해주되 그것을 풀어줘야 하는 책임까지는 지지 않는 것입니다. 부모는 아이가 감정적인 변화를 겪을 때 아이와 함께 그 자리에 있으면서 아이의 감정이 무엇인지 알아차리면 됩니다. 하루에 한 번 정도도 충분합니다. 5살 정도의 아이라면 엄마가 옆에 있어주면서 아이의 감정을 들어주고 등을 토닥토닥 두드려주면 됩니다. 그러면서 자기 감정을 진정시키는 방법을 아이는 배울 수 있습니다. 하루 중에 가장 마음이 편할 때 시도해보세요.

포스트잇에 몇월 며칠 아이들과 감정 교류를 위해 한 일들을 적어놓는 것도 좋은 방법입니다. 부모는 이렇게 아이와 마주하는 시간을 만들어야 합니다. 그렇지 않으면 시간은 무의미하게 흘러가버립니다. 소통과 교류가 없으면 아이는 마음의 힘이 자랄 수 없습니다. 그렇게 소통 없이 무작정 시간이 흘러 아이와 언젠가 마주하면 아이가 부모에게 정말 낯선 얼굴로 “누구세요?”라고 물을 수 있는 거죠.

그런데 대화를 한다고 아이를 앉혀놓고 “자~ 대화를 해보자”, “학교에서 무슨 일 있었니?”라고 말하는 것은 피하기를 바랍니다. 아이들은 하루 중에 많은 일들을 세세하게 기억하지 못합니다. 멍석을 깔아놓고 대화를 강요당하면 아이도 부담을 느낍니다. 대화를 할 때는 가벼운 이야기로 시작하는 것이 좋습니다. “왜 그렇게 생각해?”라고 묻지 말고, 그저 들어주고 가벼운 질문을 해보세요. 이럴 땐 엄마부터 사소한 이야기를 먼저 시작해보세요. 그러면 아이들도 이야기를 하기 시작합니다.

그리고 아이가 이야기를 할 때 절대 아이의 말을 끊지 않아야 합니다. 아이의 말을 끝까지 들어주세요. 더러는 쓸데없는 말 같고 두서없는 이야기일 수 있습니다. 많은 부모들이 “왜 그랬는데?”, “그래서?”라고 아이의 말에 대꾸합니다. 이런 말은 대꾸가 아니라 비난입니다.

대화에서 무엇보다 중요한 것은 어조와 분위기입니다. 대화의 70퍼센트는 실제 말하는 내용이 아니라, 말에 배어 있는 어조나 말하는 태도, 표정을 포함한 분위기가 차지합니다. 즉, 태도에 담긴 감정이 전달하는 메시지의 핵심이 됩니다. 그리고 대화를 할 때는 감정적으로 오버할 필요가 없습니다. “진짜 진짜 서운했겠다~” 등으로 오버하지 말고, 상대방의 마음이 느끼는 만큼만 읽는 것이 중요합니다. 마음 읽기는 정확하게 상대방의 마음을 알아주는 것이지, 과하게 마음을 읽어주는 게 아닙니다. 절대 과하게 읽어주지 말고 정확하고 담백하게 읽어주세요.

그런 다음, 바로 해결책을 제시하지 말고 시간을 주도록 하세요. 그러면서 아이는 자기의 감정을 다스리는 법을 배울 수 있습니다. 부모가 아이를 지켜봐주고 인정해주면 아이는 마음의 힘을 얻고 스트레스를 다루는 법을 배웁니다. 마음 읽기는 사람과 사람 간에 진정한 소통이 된다는 것을 느끼게 하면서 아이의 성장을 돕습니다.

마음을 읽어준 뒤에 어떻게 행동할 것인가도 중요합니다. 감정코칭 2단계는 아이에게 구체적 행동을 제시하는 것입니다. 예를 들어 초등학교에 다니는 아들이 수학 숙제를 하는데 몸을 비비 꼬며 하품을 하고 힘들어하면 많은 부모들이 ‘아들이 숙제를 하기 싫어하는구나’라고 생각이 들어 화가 납니다. 그러나 엄마가 아이가 정말 힘들어 한다는 생각이 들면 다른 태도가 나오지요.

엄마가 아들에게 "우리 아들 수학 숙제하기 힘들구나"라고 말합니다. 그러면 또 아들은 "계산 너무 힘들어"라고 대답합니다. 이럴 때 엄마가 "계산을 잘해야 수학을 잘할 수 있어"라고 말하면 문제는 해결되지 않습니다. 이럴 때 "엄마도 수학 정말 싫어했어. 계산하려면 집중해야 하니까 힘들지? 꼭 숫자가 머릿속에서 휙 날아가는 것 같잖아"라고 말한 뒤 "사회는 두 쪽 하는 데 10분 걸리는데, 수학은 30분 걸리는 것 보니 힘든 것 맞네. 그런데 네가 다음 주에 수학 시험 보려면 하루에 이 정도 풀어야 하는데 어떻게 하면 좋을까?"라고 구체적인 행동을 유도합니다. 이때 친구처럼 말하지 말고 단호하게 말씀하세요.

'단호하다'는 것에 대해 자세한 설명을 드려야 할 것 같습니다. 매 상황마다 부모가 일러주고 타일러도, 아이들은 쉽게 말을 듣지 않습니다. 목소리 톤을 한껏 높이거나 무서운 얼굴을 하고 협박을 해야만 아이는 마지못해 움직입니다. 심지어 매를 들고 으박을 질러야 겨우 말을 듣는 아이도 있습니다. 이럴 때 부모는 마음이 상할 수밖에 없습니다. 좋게 말할 때 들으면 서로 좋을 텐데 왜 분위기가 험악해져야만 움직일까 싶으면서 이런 게 단호한 것인가 보다 하고 이해하게 됩니다.

화를 내는 게 단호한 것이라고 이해하다 보니 '단호하게'라는

마음 읽기는 사람과 사람 간에
진정한 소통이 된다는 것을 느끼게 하면서
아이의 성장을 돕습니다.

말을 들으면 마음이 불편해집니다. 아이를 단호하게 대해야겠다는 마음과 굳이 그럴 필요가 있는가 하는 마음이 복잡하게 뒤엉키는 겁니다.

단호하다는 것은 과단성 있고 철저하다는 의미입니다. 여기에는 물리적인 힘을 쓰거나 화를 낸다는 뉘앙스는 포함되어 있지 않습니다. 그럼 말을 듣지 않는 아이에게 단호하게 한다는 것은 화를 내지 않고도 가능한 것일까요? 단호하다는 것은 아이를 대하는 말투나 표정, 목소리 크기에 달려 있는 게 아니라 지시 내용을 이행하도록 하느냐 그렇지 않느냐에 의해 정해집니다.

이 부분을 놓치고 아이들에게 끌려다니는 부모를 너무나 많이 보았습니다. 아이와 부모는 결코 같은 선상에 놓인 친구가 아닙니다. 아이가 어느 정도의 나이로 성장하기까지는 부모는 아이에게 어른의 위치로 여겨져야 합니다.

마음 읽기와 행동 통제. 이 두 가지는 각각 너무 중요해서 한 가지만 갖고 아이를 키울 수 없습니다. 마음만 읽어주면 아이는 자기 감정을 잘 다스리지 못하고, 각종 스트레스 상황에서 "못 하겠다", "못 참겠다"는 말을 달고 삽니다. 그리고 아이의 감정을 읽어주지 않고 통제만 한 경우 아이들은 자발적인 자기 감정의 욕구나 동기를 잃어버립니다. 자기 의지로 인생을 살아가는 것이 아니라 수동적인 삶의 태도를 보이게 되는 거죠. 그런 아이들은 성적은 잘 나올지 모르지만, 자발적 에너지가 없는 상태로 커나가기 때문에 자기 삶을 주체적으로 바라보면서 어떻게 삶을 살아가야겠다는 의지가 없습니다.

마음을 알아주되 행동은 통제하는 것, 어려운 일입니다. 저는 오랫동안 이런 일을 하면서 몸에 익혀 익숙하지만, 여러분들은 천천히 나눠서 해야 합니다. 다급하게 뭔가 하려 하지 말고, 일단 이것부터 해보세요. 우선 아이들의 말을 잘 들어주세요. 말만 안 끊고 들어줘도 많은 것을 하는 겁니다. 그리고 꼭 토달지 말고 들어주세요. 그리고 "아~ 그랬구나"라고 말해주세요. 하루에 5분씩만 투자하세요.

아이들 성적 물론 중요합니다. 하지만 아이의 인생을 길게 보기를 바랍니다. 아이를 키울 때 당장 눈앞에 놓인 상황만 보지 말고, 3년 뒤, 5년 뒤에 아이를 어떻게 키우고 싶은지를 생각하면서 아이를 대하기를 바랍니다. 부모특강을 듣고, 육아서를 읽고 의욕충만, 심기일전해서 '내가 새 사람이 되어서 오늘부터 애를 잘 키워봐야지'라는 생각은 버리세요. 그렇게 하면 하루 만에 지쳐서 과거 상황으로 돌아갑니다. 하루에 조금씩 시간을 내 아이의 감정과 마음에 관심을 기울인다면 부모와 아이의 관계는 훨씬 더 원만해집니다. 그리고 아이도 감정을 조절할 수 있는 진짜 어른으로 성장할 수 있습니다.

아이를 존중한다는 것은 요구를 다 들어주고, 감정을 전부 표현하게 해주며, 어떤 행동이든 자유롭게 하도록 허용한다는 의미가 아닙니다. 아이를 존중하는 것은 아이의 생각, 감정, 행동 중에서 '감정을 인정해주는 것'입니다. 아이와 부모가 대등한 힘을 가져야 한다거나 의사결정을 할 때 똑같은 입장에서 선택을 해야 되는 것이 아닙니다.

인지능력은 세상을 이해하게 해주는 도구이며, 정서는 사람들이 소통하게끔 해주는 매개입니다. 사람들은 서로 소통하면서 살아가고, 서로를 행복하게 해줍니다. 소통은 상대방의 표정을 읽고, 어조를 느끼고, 행동을 보면서 감정을 알아차리고, 거기에 대한 내 감정을 자각하고 행동으로 반응하면서 이어져갑니다. 우리가 인지능력이라고 생각하는 많은 것들이 감정의 힘을 빌려 활성화됩니다. 아무리 뛰어난 능력이라도 감정이라는 것을 통하지 않고서는 멀리 갈 수도 없고, 빨리 가기도 어려우며, 끝까지 가는 것도 어렵습니다.

이성이 인간을 만들어낸다고 하면
감정은 인간을 이끌어간다

\- 장 자크 루소

감정은 인간의 구성 요소 중에 최정점에 있는 핵심 가치입니다. 부디 아이와 건강한 소통을 통해 감정적으로 성숙한 인격체로 성장할 수 있는 기회를 열어주기를 바랍니다. 감정을 잘 다룰 수 있는 아이는 인생의 모든 관문을 자신만의 방법으로 용감하게 헤쳐나갈 것입니다. 아이가 성숙한 어른으로 성장해가는 과정을 깊은 애정으로 지켜봐주기를 바랍니다.

강의 뒤 오간
질의·응답

질문 1

문: 10살 여자아이와 3살 여자아이를 키우고 있습니다. 10살 아이는 참 순해요. 제 말도 잘 듣고 스스로 모든 일을 잘해요. 그런데 감정이 유순해서 "싫다"는 말을 잘 못해요. 딱딱 떨어지는 걸 좋아하고 논리적인 저는 그런 아이의 성격이 싫어요. 엄마가 시키니까 "싫다"는 말을 못하는 것이 보입니다. 오늘 아침에도 음악 시험이 있다고 하길래 큰소리로 부르라고 시켰어요. 아이는 제가 그렇게 시키는 게 싫은 것 같습니다. 그런데 아이는 "싫다"고 말하지 않고 그냥 제가 하라는 대로 따르지 않더라고요.

답: 어른끼리도 듣기 싫은 얘기를 막 하는데 상대방에게 "알았어. 내가 잘할게"라고 말할 수 있나요? 어머니께서는 아이에게 너무 어려운 걸 원하는 겁니다. 아이가 엄마가 하는 말이 정말 싫은데 할 수 있는 반응은 뭘까요. "아우~ 알았다고" 정도가 될 겁니다. 엄마가 "크게 불러"라고 말하면 그 말이 싫은데도 "어, 알았어"라고 바로 대답할 수 있을까요? 아이 입장에서는 자신이 무엇을 표현했을 때 엄마가 안 받아준다는 느낌을 받았을 것이고, 엄마가 아이에게 많은 것을 요구하는 것으로 받아들일 것 같습니다. 음악 시간에 가서 크게 부르라고 말하기보다 "가서 열심히 해"라고

말하면서 기분 좋게 아이를 보내면 될 것 같은데 말이죠. 크게 부르라고 말해서 크게 부를 일이면 알아서 그렇게 합니다. 그런데 결코 그렇지 않아요.

아이가 엄마를 무시하는 것이 아니라 괴로운 감정이 올라오는데 피하려고 다른 쪽으로 주의를 돌리는 겁니다. 아이가 힘들어하지 않는 방식으로 말하는 게 좋을 것 같습니다. 아이한테 무엇을 하라고 지시하는 것보다, 엄마의 지시가 아이를 위한 것인지, 엄마를 위한 것인지 생각해보는 게 좋을 것 같습니다.

질문 2

문: 9살, 6살, 5살 아이를 키우고 있습니다. 그중에서 막내가 제일 고집이 셉니다. 어제 저녁엔 남자애가 5살인데 양치질하고 세수하고 자자고 했는데 계속 안 하는 겁니다. 그래서 제가 "누나 형아 다 했고, 엄마 할 때까지 안 들어오면 안 봐줄 거야"라고 말했어요. 그런데 계속 안 하더니 제가 다 끝내고 방에 들어가니까 그때서야 하겠다고 뒷북을 치더라구요. 꾹 참고 화장실 들어갔는데 저 보고 다시 양치질을 하라는 거예요. 아이가 저를 힘들게 하는 것 같아요. 엄마가 힘든 게 좋다고 표현한 적도 있어요. 왜 이렇게 엄마를 힘들게 하는 걸까요?

답: 그럼 어머니는 어떻게 하셨어요?

문: 양치질하라고 칫솔 가져다주고 아이의 태도에 너무 화가 나서 그냥 나와버렸어요.

답: 엄마는 화를 내지 않기 위해서 아이를 통제하지 않은 경우네요. 그런데 그런 상태로 1~2년 지나면 아이에게 쩔쩔매는 엄마가 됩니다. 나는 화를 안 내려고 했는데 결과는 쩔쩔매는 거죠. "양치하자", "싫어", "엄마가 한 번 더 얘기할 때까지 양치해야 해. 가야 돼"라고 말해야죠.

문: 그러면 따라오는 게 아니고 울면서 난리를 치거든요.

답: 엄마가 아이한테 "너랑 나랑 힘이 똑같다"는 인상을 준 것 같습니다. 이렇게 하면 아이가 싫으면 안 해도 된다는 걸 배우게 됩니다. 당연히 아이가 울겠죠. 엄마는 성인이고 아이는 5살이잖아요. 지금 엄마는 "나 못하겠어요"라는 자신 없는 어투입니다. 그러면 아이는 집안의 왕이 되는 것이죠. 누구도 나를 제지할 수 없으니 마음대로 행동을 하게 됩니다. 아이가 울면 그냥 들어서 옮기세요. 하실 수 있습니다. 그리고 양치질 시키세요. 몇 번 참으면 됩니다. 10번만 참아도 됩니다. 마음 다잡고 바꿔야 됩니다. 그렇지 않으면 아이가 단체 생활에 어려움을 겪습니다. 다른 식구들이나 선생님은 엄마처럼 아이에게 해주지 못하죠.

문: 어린이집에선 모범생이라고 하더군요. 저한테만 그래요.

답: 집에서만 폭력적인 청소년이 요즘 많습니다. 엄마의 권위가 아이 위에 있어야 하는데 그렇지 못한 거죠. 엄마가 유순하게 크셨거나, 엄마가 여려서 그러실 수 있는데요. 아이 입장에선 내가 이걸 해야 할지 말아야 할지를 모릅니다. 배워야 합니다. 애들은 엄마를 시험합니다. 해야 할 것과 하지 말아야 할 것을 구분해줘야 합니다. 아이를 위해서 이를 악물고 바꿔야 해요.

질문 3

문: 초등학교 6학년, 중학교 2학년 남자아이를 키우고 있습니다. 큰아이가 애착형성이 잘 되지 않았고 놀이치료도 많이 받았습니다. 어렸을 때 많이 아파서 수술도 7번 했습니다. 이젠 많이 훈련이 돼 중2가 되고 나서 스스로 잘할 수 있는 것도 많아졌습니다. 많이 병약했기 때문에 저는 아이에게 하지 말아야 할 것과 해야 할 것도 구분하지 않았어요. 그런데 아이에게 항상 잔소리를 해야 하는 게 마음이 아픕니다. 만약 아침에 학교 가는 준비를 하라고 제가 잔소리하면 35분 만에 끝나는데, 잔소리를 안 하면 1시간 걸려서 학교를 갑니다. 어디까지 참고 아이를 대해야 할지 고민입니다.

답: 내버려두면 지각하나요?

문: 지각합니다.

답: 계속 지각하도록 내버려두세요. 고집이 세진 겁니다. 아픈 애가 울면 그걸 이기는 엄마는 없습니다. 아이의 건강관리에 대한 책임을 엄마가 모두 지고 있네요. 방법이 없습니다. 애가 많이 컸기 때문에 엄마가 행동을 교정하려 하면 관계가 어그러질 수 있어요. "엄마는 너가 아픈 거 정말 싫어. 그렇지만 이건 해야 해"라고 어렸을 때 했어야 했는데, 이제는 머리가 제법 커서 엄마가 자기를 못 믿는다고 불쾌해할 수 있습니다. 지금도 건강에 문제가 있나요? 아프면 심각해지나요?

문: 네. 조금만 스트레스를 받으면 바로 병원에 가야 합니다. 저희는 괴롭습니다. 끝까지 해보려 해도 그렇게 했다간 일상생활이 힘들어지니까요.

답: 어머니의 입장인데요. 아이 건강의 책임을 부모가 전적으로 지고 있는 것은 개선해야 될 것 같습니다. 아이가 자기 건강을 책임지는 일을 아이한테 넘겨줘야 합니다. 성숙한 성인으로 키우려면 입원하지 않는 정도까지는 내버려두세요.

문: 병원 의사 선생님이 말하면 그때는 바짝 말을 들어요.

답: 병원을 자주 가라고 하세요. 의사 선생님이 말하면 좀 나아요.

진료 시간을 줄이고 상담 시간을 늘려 의사 선생님의 도움을 받아보세요. 그리고 건강을 챙기는 걸 자기가 책임지도록 조금씩 시도해보세요.

제4강

휴,
엄마의 마음 챙김

– 권복기. (주)롤링스토리 대표, 한겨레신문 전략기획실 전문위원

엄마로 살기 참 어려운 세상입니다. 행복한 일이어야 할 아이 낳고 기르기가 건강까지 위협하는 스트레스가 됐습니다. 태교에서부터 대학 입학까지 20년 가까이 엄마는 마음놓고 살지 못합니다. 좋은 대학을 나와도 취직이 어려운 현실은 아이의 미래에 대한 불안감으로 엄마의 마음을 더욱 무겁게 합니다. 그래서 엄마는 자신이 듣고, 보고, 배운 지식을 바탕으로 아이가 '성공'할 수 있도록 최선을 다합니다.

문제는 엄마의 지극정성이 아이에게 해가 될 수도 있다는 것입니다. 아이 키우기에서 엄마의 마음 챙김이 무엇보다 중요한 이유입니다. 엄마의 '올바른' 마음 챙김은 아이의 건강을 위해서도 꼭 필요합니다.

엄마의 '잘못된' 노력이 미치는 악영향은 아이의 정서는 물론 건강까지 해칠 수 있습니다. 어린 시절의 아이들은 뛰어 놀면서 자랍니다. 그에 필요한 에너지가 생겨나는 시기라 쉽게 지치지도 않습니다. 하지만 그런 아이를 공부를 위해 계속 붙잡아두면 문제가 생깁니다. 억눌린 에너지는 욕이나 거친 행동으로 나타나기도 합니다.

엄마의 '포스'에 억눌려 참고 고분고분하게 행동하는 아이들 가운데는 더 심각한 증상을 보이는 경우도 있습니다. 한의학에서는 틱이나 투렛증후군과 같은 질병의 원인을 이같은 억압적인 상황이 지속되면서 생긴 것으로 보기도 합니다. 엄마의 '노력'으로만 자라는 아이는 의존적인 사람이 되기 쉽습니다.

많은 아이들이 어려서부터 과외를 받습니다. 과외는 성과를 목표로 합니다. 아이들이 스스로 생각하고 깨치기를 기다려주지 않습니다. 중학교나 고등학교에 가면 혼자 생각할 시간은 더 줄어듭니다. 자신의 삶을 계획하고 실행하는 주체가 아니라 시험 치는 기계로 아이가 만들어집니다. 그 결과 우리나라 최고 수준의 명문대에 들어갔지만 혼자 공부하기 어려워하는 아이들이 많습니다. 스스로 결정하고 판단하지 못하는 경우도 많이 봅니다.

미국의 한 대학 교수를 만났는데 한국에서 유학 온 학생들이 대체로 자기 생각, 자기 콘텐츠를 가진 이들이 적다는 말을 하더군요. 사법시험에 합격한 뒤 연수원에 다니면서 과외를 받는 사람도 있다고 합니다. 대기업 인사 담당 간부는 요즘 신입사원에 대해 우려를 표합니다. 영어도 잘하고, PT자료도 잘 만들고, 회식자리에서 놀기도 잘 노는데 정작 아이디어 회의에서는 조용하다는 겁니다. 심지어 직장을 선택한 이유도 '엄마가 가라고 해서'라고 말하는 사원도 있다고 합니다.

어떤 대기업 임원의 경우에는 성적이 좋은 신입사원의 미래를 생각해 영업부서에 보냈더니, 그 신입사원의 어머니가 직접 찾아와 "성적이 좋은 우리 아이는 기획부에 가야 하는데 왜 영업부를 보냈냐"라고 항의를 했다는 이야기를 전해주기도 했습니다.

모두, 아이들을 의존적으로 키운 탓입니다.

이처럼 우리 사회는 경제적으로 풍요로워지고 삶은 윤택해졌지만, 갈수록 아이들은 주체성이 결여되어 스스로 판단하지 못하고 공격성이 강해지고 있습니다. 왜 그런 걸까요?

결국 아이를 키우는 사회구조 자체가 문제라고 볼 수 있습니다. 사회구조가 워낙 불안정하고 계급화되어 부모들의 걱정은 날로 커지고 있죠. 그래서 부모 특히 엄마들은 더욱 밀접하게 아이의 삶에 개입하면서 아이에게 영향력을 행사합니다. 엄마들이 이런 사회구조에 대해 정확하게 인식하는 한편, 엄마들의 화와 스트레스를 잘 다스려야 아이들도 엄마도 건강하고 행복한 삶을 살 수 있습니다.

두통, 고혈압, 심장병, 소화성 궤양, 과민성 대장증상, 우울증 등 수많은 질병이 스트레스와 관련이 있습니다. 스트레스는 사람을 무기력하게 만들고 활동력을 떨어뜨리기도 합니다. 스트레스를 일으키는 상황은 다양합니다. 같은 상황이라도 사람에 따라 스트레스를 느끼기도 하고 그렇지 않기도 합니다. 스트레스는 만병의 근원이라고 합니다. 공부, 외모, 경제적 차이 때문에 어린아이들까지 스트레스를 달고 살지요. 우리는 몸 안의 에너지를 쓰면서 활동합니다. 몸뿐만 아니라 마음과 정신을 쓸 때도 에너지가 듭니다. 정신은 우리의 의식과 생각을 주관하고 외부의 감각을 받아들이고 판단합니다. 머릿속이 복잡해 생각이 많은 사람은 움직임이 적은데 생각하는 것에 많은 에너지를 쓰기 때문입니다. 이런 이유로 육체적인 다른 활동은 현저히 줄어들 수밖에 없

엄마들이 화와 스트레스를 잘 다스려야
아이들도 엄마도 건강한 삶을 살 수 있습니다.

습니다.

그렇다면 스트레스에 포위된 엄마들이 어떻게 해야 스트레스를 잘 풀 수 있을까요?

스트레스가 쌓이면 한의학적으로 가슴을 따라가는 임맥이 막힙니다. 억울한 일을 당하면 가슴을 팡팡 치게 되는데 그것 역시 가슴이 막혀서 임맥을 따라 흐르는 기를 풀기 위한 본능적인 행동입니다. 엄마들의 기분이 좋아지고 마음이 풀어져야 건강이 좋아집니다. 그만큼 마음이 중요합니다. 만약 이 스트레스나 화를 제때 풀지 못하고 뜨거운 기운이 머리로 치솟으면 갑상선이나 뇌에 이상이 생길 수도 있습니다.

몸을 치료하기 위해서는 반드시 마음을 다스려야 합니다. 하지만 많은 사람들이 이를 별개의 문제로 인식하여 '몸 따로 마음 따로'의 생활을 하고 있습니다. 마음이 아파 속이 상하고, 화가 나서 잠을 못 이루고, 생각이 많아 소화가 잘 되지 않는 사람들이 많은 것은 그만큼 마음의 병이 몸의 질병으로 이어진다는 이야기입니다. 기분이 좋다는 것은 건강하고 행복하다는 징표입니다. 건강 상태를 일상생활에서 확인할 수 있는 지표가 '침'과 '기지개'입니다. '살아 있다'의 한자 活(살 활)은 水(물 수)와 舌(혀 설)이 합쳐져서 만들어졌습니다. 혀에는 물이 있습니다. 사람이 산다는 것은 혀에 물이 있는 거죠. 말하자면 건강한 사람은 침을 많이 흘립니다. 기의 에너지가 좋으면 침이 많습니다. 나이가 들면 침이 마르고, 건강도 나빠집니다. 또 마음에 따라 침이 나오고 침이 안 나오기도 합니다. 덕담을 하면 침이 많이 나오고, 남을 욕하고 거짓말할 때 침이 마릅니다. 따라서 마음을 좋게 가져야 침이 많이 나올 수 있고 건강해질 수 있습니다.

다음으로는 한숨 푹 자고 일어나면 자연스럽게 기지개가 펴지고 기분이 좋으면 건강하다는 증거입니다. 따라서 잠을 잘 자는 것이 무엇보다 중요합니다. 잠을 잘 때 인체의 에너지가 들어와 아랫배에 쌓이고, 기운을 인체에 골고루 배분하기 때문입니다.

기분 좋고 건강한 삶을 살아가기 위해서는 삶에 필요한 활동을 적절하게 해야 합니다. 건강을 지키기 위해 반드시 신경 써야 할 네 가지가 있습니다. 바로 음식, 잠, 운동, 마음입니다.

음식은 조리를 최대한 적게 한 자연식으로 영양소가 풍부한 소박한 식사를 하도록 하세요. 식재료의 약리 성분이 충분히 작용하게 조리한 식사를 하도록 노력하고, 소화흡수가 잘 되는 가벼운 식사를 하는 것이 좋습니다. 현미잡곡밥, 야채, 견과류, 해조류, 과일을 골고루 드세요. 그리고 신선한 음식을 많이 드세요. 또한 미네랄이 많이 든 채소나 신선한 음식을 챙겨 드세요. 스트레스를 받으면 우리 몸은 비타민이나 무기질을 많이 소모하게 되므로 이를 보충해주지 않으면 스트레스에 대한 저항력이 떨어집니다.

잠은 자연치유력을 높이는 최고 방법입니다. 잠만 잘 자도 피로회복과 해독기능이 강화됩니다. 잠은 다음날 활동할 수 있는 에너지를 충전시켜줍니다. 소진된 기를 채워주는 가장 최상의 방법입니다. 밤 11시~새벽 3시 사이에는 꼭 잠을 자도록 노력하시길 바랍니다. 숙면을 취하면 우리 몸 안의 자연치유력이 크게 높아집니다.

운동은 스트레스에 대한 저항력을 키워줍니다. 운동을 하면 자율신경활성도가 올라가는데 자율신경계가 활성화될수록 스트레스를 잘 견딜 수 있습니다. 근육을 단련시키는 운동보다는 걷기, 조깅, 등산, 자전거 타기 등과 같은 유산소 운동이 좋습니다. 하지만 사람에 따라 동적이고 격렬한 운동이 필요하거나 명상, 기체조, 요가 등과 같이 정적인 방법이 필요한 경우도 있습니다. 운동은 자신이 좋아하고 꾸준히 할 수 있고, 하고 나서 지치지 않는 활동이 좋습니다. 억지로 하면 큰 효과가 없습니다. 숨이

가쁜 운동이나 몸이 지치는 운동은 좋지 않습니다. 기공이나 요가는 마음까지 다스릴 수 있는 좋은 운동입니다. 집안일도 좋은 운동입니다. 빨래, 청소, 요리 등도 운동이 될 수 있습니다. 다만 목을 자주 풀어주는 것이 좋습니다.

무엇보다 가장 중요한 것은 마음입니다. 마음은 마음 먹기에 달렸습니다. 한의학에선 마음과 인체를 다음과 같이 설명합니다. 너무 기뻐하면 심장이 다칩니다. 소장도 나빠집니다. 따라서 기뻐할 때도 나의 기쁨에 가려 슬퍼하는 사람이 없는지 돌아봐야 합니다. 절제된 기쁨이 건강에 좋습니다. 슬픔은 폐에 악영향을 끼칩니다. 분노를 하면 간이 나빠집니다. 걱정을 많이 하면 위가 나빠집니다. 공포가 많으면 방광이나 신장이 안 좋아집니다. 아이가 놀라면 오줌을 싸는 이유도 이런 이유에서입니다. 남편이나 아이가 화가 너무 많으면 혹시 간이 나쁜 것은 아닌지 돌아볼 필요가 있습니다. 이런 원리를 알고 상대방의 마음이나 건강에 대해 알려고 하면 그때부터 자신의 마음도 열리게 됩니다.

마음이 평화로워질 수 있는 실천수칙을 알려드리겠습니다. 마음을 먹는 일도 건강을 위해 매일 운동을 하듯 꾸준히 실천하기를 바랍니다. 근육을 단련하듯 마음 먹기를 꾸준히 하다 보면 자신이 원하는 쪽으로 자신의 마음을 바꿀 수 있습니다.

첫째, 먼저 나 자신을 용서하고 자신을 사랑하기를 바랍니다. 많은 이들이 자신에 대해 만족하지 못합니다. 자신의 지난 잘못을 책망하고 현재의 부족함에 아쉬워하며 미래에 대해 불안해합니다. 안타깝지만 그런 마음은 살아가는 데 아무런 도움이 되지 않습니다. 과거에 잘못한 일이 있다면 무조건 용서하세요. 자신조차 자신을 용서하지 않는데 다른 이들이 어떻게 용서를 하겠습니까? 그리고 자신의 장점을 보려고 노력했으면 합니다. 막상 장점을 찾아보라고 하면 대부분 막연해들 합니다. 그럼 장점과 단점을 함께 써보세요. 자신의 장점을 잘 알 수 없다면 조금씩 단점을 고쳐 장점으로 바꾸는 노력을 해보세요. 날로 나아지는 자신을 보며 기쁨이 채워질 것입니다.

둘째, 긍정적인 마음을 갖도록 노력하세요. 긍정적인 마음을 가지라는 것은 많이 들었던 이야기일 것입니다. 긍정적인 마음 먹기에 대한 한 예를 들어보겠습니다. 체로키 인디언이 어린 손자를 무릎에 앉히고 말했습니다.

"사람의 마음속에는 두 마리의 늑대가 싸우고 있단다. 한 마리

늑대는 화, 질투, 슬픔, 후회, 욕심, 오만, 죄책감, 열등감, 거짓말, 거짓 자존심, 우월감 등을 갖고 있으며 다른 한 마리는 선, 기쁨, 평화, 사랑, 희망, 평온함, 겸손, 친절, 자비, 공감, 너그러움, 진실, 연민, 믿음 등을 갖고 있단다."

이렇게 말하자 손자가 어떤 늑대가 이기는지 물었습니다. 그러자 그 인디언은 네가 먹이를 주는 쪽이라고 답했습니다. 긍정적인 마음에 먹이를 주는 연습을 하세요. 그 마음이 날로 자라 행복감을 키워줄 것입니다.

셋째, '그럴 수도'를 믿으십시오. '그럴 수도 있겠구나', '오죽했으면'이라고 생각하는 것입니다. 다른 사람의 행동을 이해하게 될 것입니다. '그럴 수도 있겠구나' 라고 생각하는 연습을 꾸준히 하기를 바랍니다. 세상에 아무리 나쁜 짓을 한 사람이라도 그 사람의 오늘을 있게 한 과거를 돌아보면 그 사람을 이해할 수가 있습니다. 그래서 달라이 라마가 세상에 아픈 사람은 있어도 나쁜 사람은 없다고 말한 것이지요. 사람이 죄를 저지른 것은 살아온 환경이 초래한 것입니다. 그의 잘못이 아닙니다. 먼저 상대방을 이해해야 용서가 가능합니다. 용서를 통해 가장 큰 혜택을 보는 사람은 다름 아닌 용서하는 사람, 나 자신입니다.

먼저 나 자신을 용서하세요.
'그럴 수도'를 믿어보세요. '그럴 수도 있겠구나',
'오죽했으면…'이라고 생각하세요.
'이 또한 지나가리라'를 기억하세요.

넷째, 어떤 어려움이 올 때 '이 또한 지나가리라'를 생각하세요. 아무리 어려운 때도 언젠가는 지나갑니다. 아무리 어려운 일도 끝은 있게 마련인 것이지요. 지금 겪는 어려움이 자신의 성장을 위한 밑거름이 될 것입니다.

모든 상황을 긍정적으로 받아들이며, 혹시 힘든 일을 겪더라도 '이 어려움은 내 마음을 넓히기 위한 기회'라고 생각하면 삶이 달라집니다. 실제로 긍정적인 마음을 가지게 되면 전두엽 부분이 활성화돼 지적 개방성이 높아집니다.

다섯째, 아이에 대해 안심하십시오. 걱정은 아이의 인생에 도움이 되지 않습니다. 아이는 자기만의 인생을 갖고 태어납니다. 칼릴 지브란이 통찰한 아이에 대한 생각을 말씀드리고 싶습니다.

> 여러분의 자녀는 여러분의 것이 아닙니다. 그들이 비록 여러분을 통해서 왔지만 여러분으로부터 온 것은 아닙니다. 그들이 비록 여러분과 함께 있지만 여러분 소유물은 아닙니다. 여러분은 그들에게 사랑을 줄 수 있지만 생각을 강요할 수는 없습니다. 여러분이 그들처럼 되기 위해 노력할 수는 있지만, 그들이 여러분처럼 되게 하려고 애쓰지는 마십시오.

아이들의 미래를 걱정하는 대신 아이들을 믿고 안심하십시오. 종교를 가진 분들은 절대자가 아이들을 세상으로 보냈고, 그 분께서 아이들을 지켜주고 인도하신다고 믿으십시오. 실제로도 그렇습니다. 아이를 있는 그대로 인정하고 격려하십시오. 아이가 언제 어떤 색깔의 꽃을 피워낼지 아무도 알 수 없습니다. 믿고 기다려주면 언젠가는 자신만의 아름다운 꽃을 피워낼 것입니다.

안심하십시오. 엄마의 마음은 그대로 아이들에게 전달됩니다. 엄마가 건강하고 행복하면, 아이도 건강하고 행복합니다. 마음을 어떻게 먹느냐에 따라 우리 몸은 상당한 영향을 받습니다. 현대인의 질병 중 70퍼센트는 마음에서 비롯된다는 말도 있습니다. 음식을 매일 좋게 먹듯 마음도 매일 좋게 먹기를 바랍니다. 좋은 마음도 매일 먹어야 합니다. 오늘부터라도 매일 좋은 마음을 챙겨 먹도록 합시다. 스트레스를 받는다면 달리 마음을 바꿔보세요. 스트레스는 외부의 자극이 아니라 자극에 대한 반응이라고 합니다. 마음을 바꿔먹는다는 것이 쉽지는 않을 것입니다. 하지만 엄마의 마음이 아이에게로 전달된다는 것을 기억하고 조금씩 바꿔보았으면 합니다. 과정들이 조금씩 쌓여 좋은 마음 먹기에 한 발 한 발 다가설 수 있을 것입니다.

아이의 행복이 결국 엄마의 마음을 통해 전달된다는 것은 엄마와 아이의 긍정적인 소통에도 영향을 줍니다. 엄마의 마음이 편안해지면 아이를 바라보는 눈빛부터가 달라집니다. 엄마를 분주하고 불안하게 만드는 외부의 요인을 모두 내려놓고 내 앞의 아이를 바라보기를 바랍니다. 세상에서 가장 소중하고 유일한 존재가 보일 것입니다. 결국 삶이란 마음과 마음이 맞닿아 어우러지는 감정들의 조화입니다. 평온하고 안정된 엄마의 마음은 고스란히 아이에게 전달됩니다. 결국에는 기본으로 돌아가는 것, 건강과 행복, 아이와의 소통에 있어 '좋은 마음'을 갖는 것이 가장 중요하다는 것을 기억하기를 바랍니다.

제5강

말, 잔소리가 소통이 되려면

- 정윤경, 가톨릭대학교 심리학과 교수

부모는 누구나 좋은 부모가 되기를 바랍니다. 좋은 부모란 자녀를 잘 이해하는 부모겠지요. 아이의 마음이 어떤지, 무슨 말을 듣고 싶어하는지, 눈빛 하나로도 알아채는 부모라면 아이에게는 더할 나위 없는 부모입니다. 그런데 이것은 말처럼 쉽지가 않습니다. 자기 자신조차 파악하기 힘들 때가 있습니다. 그런데 어떨 때는 정말 내 속으로 낳았는지 궁금해지는 아이의 마음을 바로 읽을 수가 있을까요?

요즘은 마음에 상처가 있거나 관계 맺기가 어려운 아이들로 인해 아동상담센터가 문전성시를 이룹니다. 아이들의 마음을 들어

보면 더 안타깝습니다. 이미 깊어진 상처가 아이 안의 많은 잠재력을 덮고 있기 때문입니다. 아이의 마음을 이해한다는 것은 아이가 살아갈 전체의 삶을 이해하는 마음으로 바라보아야 합니다.

요즘 들어 "아이가 감정을 잘 다룰 수 있는 능력은 어떻게 키워질까요?"라는 질문을 자주 듣습니다. 예전에는 아이의 인지능력에 관심이 높았다면 이제는 많은 부모가 정서적인 면에 주목합니다. 이미 많이 알려졌듯, 아이의 정서가 아이의 인생에 막대한 영향을 끼치기 때문입니다. 그렇다면 정서란 무엇이고, 어떻게 이해해야 될까요? 바람직한 정서적 유능성은 무엇을 통해 어떻게 형성되는 것일까요?

감정을 이해하기 위해서는 아이의 성향을 먼저 알아야 합니다. 아이들은 타고난 기질과 성향이 모두 다릅니다. 정서지능은 타고난 아이들의 기질보다 부모의 돌봄과 교육을 통해 발달합니다. 기질은 성향과 특성을 갖추고 여러 종류로 구분될 뿐이지, 좋고 나쁜 것으로 평가할 수 있는 것이 아닙니다. 이를테면 원석과 같은 것입니다. 저마다 강도도 다르고 색도, 밝기도 다릅니다. 이때 말은 원석을 빛어내는 도구입니다. 말이야말로 효과적인 가정교육을 위한 가장 강력하고 지속적인 도구인 거죠. 말을 통해 아이들은 행복을 느끼기도 하고, 상처도 받습니다. 아이들이 자신감과 용기를 갖고 살 수 있도록 부모들은 말의 도구를 잘 활용할 수 있어야 합니다.

말의 활용이 가장 효과를 보는, 두 시기가 있습니다. 정서지능이 높아질 수 있는 가장 효율적인 시기 중의 하나는 만 3세~5세, 취학 전입니다. 정서적인 유능감을 위해 부모가 이때 신경을 많이 써준다면 아이의 정서지능 또한 높아질 것입니다. 사춘기는 매우 민감하게 자극에 반응하는 시기입니다. 사춘기에는 전두엽이 활발하게 반응하면서 반항도 자주 하고 폭발적인 행동을 보입니다. 이런 예민한 시기에, 엄마 아빠가 아이에게 하는 말은 아이의 성격을 만들어가는 가장 효과적인 도구이자 아이의 문제를 해결하도록 이끄는 통로입니다. 생각 이상으로 부모의 말은 아이의 인성 형성에 큰 영향을 미칩니다. 아이에게 어떤 말을 하느냐에 따라 아이의 정서지능과 자립도가 확연히 달라지기 때문입니다. 가령 아이에게 문제가 생겼을 때도 문제를 풀 수 있는 가장 좋은 해결책은 가정에서 이루어지는데 말을 통해 부모와 건강한 관계를 형성한 아이는 어려움이나 힘든 일이 있을 때 부모에게 마음을 닫지 않습니다. 그래서 극단적인 상황까지 가지 않습니다.

그런데 아이들이 커갈수록 부모와 대화하기를 거부합니다. 점점 대화를 멀리하게 되는 거죠. 아이들이 부모와 이야기하기 싫어하는 가장 큰 이유는 무엇일까요? 바로 잔소리 때문입니다. 부모들은 아이를 사랑하는 마음에 아이를 위해 하는 말이라고 하지만, 그 잔소리 때문에 아이가 부모에게 마음의 문을 닫고 스트레스를 받습니다. 나와 가장 가까운 부모에게 마음의 문을 닫은 아이들은 자기의 감정을 조절하지 못하고 우울증에 빠집니다. 아이가 소통의 통로를 찾지 못하고 감정이 격해지면 자살까지 하는 극단적인 경우도 있습니다. 감정의 엉킴이 심각한 상황까지 초래하는 거지요. 그런데도 많은 부모들이 그 도구를 잘못 쓰고 있습니다.

대부분의 부모들은 소통을 통해 아이들이 마음을 열고 성장한다는 사실을 인식하지 못합니다. 소통은 아이가 삶을 살아가는 데 필요한 감정의 주고받음입니다. 대화를 많이 한다고 소통하는 것은 아닙니다. 부모는 아이와 대화를 하기 위해서 말을 겁니다. 이때 하는 말이 잔소리가 되는 경우가 다반사인데 같은 잔소리라도 아이를 키우는 잔소리가 있고, 아이를 죽이는 잔소리가 있습니다. 이것을 잘 구분하고 적절히 활용하는 지혜가 필요합니다.

• •

기질은 좋고 나쁜 게 아닙니다.
원석과 같은 것입니다. 강도도 다르고
색도, 밝기도 다릅니다.
말은 원석을 빚어내는 도구입니다.
말을 통해 아이들은 행복하기도 하고,
상처도 받습니다. 아이들이 자신감과 용기를
갖고 살 수 있도록 그 도구를
활용할 수 있어야 합니다.

아이 입장에서 생각하고 그 상황을 고려해 말하면 '대화'이고 그렇지 못하면 '잔소리'가 되는 것입니다. 잔소리를 제대로 활용함으로써 부모와 아이가 건강한 소통을 하고 아이가 감정을 조절할 수 있는 법을 알려드리겠습니다.

잔소리 안에는 정서지능이 숨어 있습니다. 감정을 조절하지 못하면 잔소리가 되는데 다음과 같은 말들입니다. 부모들이 무심코 많이 쓰는 말이기도 합니다.

- 도대체 너는 잘하는 게 뭐가 있니
- 이것밖에 못하겠니
- 이 바보야
- 너 때문에 내가 못 살겠다
- 정말 이제 널 포기했다

엄마 스스로 감정을 조절하지 못해서 아이에게 그냥 감정을 폭발해버리는 경우를 많이 봅니다. 이때 엄마가 먼저 감정 조절을 하는 것이 중요합니다. 화가 날 때 감정을 조절한다는 것은 그냥 감정을 참는 것을 말하는 것이 아닙니다. 감정을 인내하고 묻어두는 것은 마음의 병을 만들고 언젠가는 그 감정이 튀어올라 공격적인 행동으로 표출됩니다. 그렇다면 솔직하게 격렬한 감정을 터트려야 할까요? 그렇다고 감정이 해소되는 것은 아닙니다. 감정을 조절하는 것은 자신의 감정을 목적에 맞게 잘 활용하고 다스리는 것을 말합니다.

감정에도 많은 종류가 있습니다. 좋은 것도 있고 나쁜 것도 있습니다. 좋은 감정은 적극적으로 활용하면 됩니다. 아이를 대할 때 좋은 감정을 적극적으로 사용하세요. 좋은 감정을 활용해 집에서 많이 웃고 아이를 많이 안아주세요. 또한 좋은 감정을 담은 눈길도 놓치지 마시길 바랍니다. 좋은 감정이 담긴 눈길은 본능적으로 아이가 느끼게 되어 있습니다. 반면, 분노, 슬픔, 불안 같은 부정적인 감정도 나름의 의미가 있습니다. 부정적인 감정도 모두 필요해서 만들어진 감정입니다. 이런 감정도 솔직하게 표현하고 잘 다스리면 삶에 큰 도움이 됩니다.

부정적인 감정의 예를 들어볼까요? 화가 나면 소리를 지릅니다. 소리에는 에너지가 있습니다. 이런 행동은 공격하는 행동입니다. 또 분노의 정서는 당당하게 나를 주장하고 용기 있게 나를 드러냅니다. 슬프면 펑펑 울게 되거나 힘이 빠지는데 슬픔은 우리를 쉬게 하는 정서로 작용합니다.

부정적인 감정은 회피하거나 외면하는 것이 아니라 있는 그대로 받아들이는 것이 중요합니다. 아이가 불안하면 약간의 긴장을 하게 되는데 이 긴장을 잘 활용하는 지혜가 필요합니다. 사람에게는 약간의 각성 상태인 것이 일의 능률을 더 오르게 하는데 긴장 또는 고양의 정서가 있으면 일을 더 잘할 수 있습니다. 그런 점을 이해한 뒤 아이에게 "이렇게 긴장하는 게 더 집중할 수 있도록 만드니까 너무 걱정하지마"라고 말하며 아이를 달래줄 수 있습니다. 이렇게 대화를 이끌어가면서 감정 조절을 하기 위해서는 아이와 열린 관계를 유지하는 것이 중요합니다. 아이가 엄마와의 대화가 의미 없다고 여긴다면 엄마에게 가까이 오지 않습니다. 열린 관계를 위해 아이의 마음에 다가갈 수 있는 지혜가 필요합니다.

그럼 아이에게 어떤 말로 다가가야 할까요?

- 노력한 만큼 결과가 좋지 않아 답답하고 속상하지?
- 성적이 당장 오르지 않는다고 해서 네 실력이 나아지지 않는 것은 아니야. 지금 당장은 네가 노력한 게 눈에 보이지 않지만, 네가 노력한 것은 절대로 없어지지 않아. 어떤 식으로든 남아서 반드시 너에게 도움이 될 거야.
- 엄마가 널 도와줄 수 있는 것에 대해서 말해주면 엄마도 같이 노력할게.

이렇게 아이의 마음을 열 수 있는 지혜가 필요합니다. 부모로부터 위로와 공감을 받은 아이들은 어렵고 힘든 일이 생기더라도 자기 감정을 조절할 능력이 생기게 되고, 자신의 문제를 스스로 풀어나가게 됩니다. 또 언제든 부모에게 마음을 열고 다가와 자기 생각을 털어놓고 위로를 받습니다. 잔소리의 핵심은, 상대방에 대해서 마음과 눈을 열고 말하는 것은 잔소리가 되지 않는다는 것입니다. 엄마의 진심이 아이에게 전달되도록 마음을 보여주세요. 진심을 느끼면 아이의 반응이 달라집니다.

그렇다면 구체적으로 아이를 죽이는 잔소리는 어떤 것일까요? 부모가 감정을 조절하지 못하고, 아이의 말을 일방적으로 끊고, 문제만 해결하려고 하고, 일방적으로 명령을 한다면 그것이 아이를 죽이는 잔소리입니다. 언젠가 교육 프로그램에서 우리나라 아이들과 영국 아이들의 정서지능을 비교하는 실험을 했습니다. 그런데 우리나라 아이들의 정서지능이 현저하게 낮은 것으로 나타났습니다. 이를 살펴보니 한국 엄마들은 아이들을 무조건 통제하려고 하고 내가 우리 아이를 가장 잘 안다고 착각해 잘못된 잔소리를 하는 경우가 많았습니다.

여러분의 집을 떠올려보세요. 아이가 엄마에게 마음의 문을 닫거나 엄마가 하는 말을 건성건성 듣고 있지는 않나요? 그렇다면 엄마가 현재 아이에게 나쁜 잔소리를 하고 있다는 증거입니다.

언쟁 중인 엄마와 딸의 대화를 살펴보겠습니다.

딸: 난 엄마가 싫어!

엄마: 너 엄마한테 어떻게 감히 그런 말을 해? 엄마가 널 위해 얼마나 희생하고 사는데……. 너가 어떻게 이럴 수 있니?

딸: 누가 엄마한테 희생하라고 했어?

사실 딸은 엄마가 정말 싫어서 "싫다"고 말한 것은 아닙니다. 다만 엄마에게 섭섭하고 속상한 일이 있어 그렇게 표현을 하는 것입니다. 그런데 엄마는 아이 말을 곧이곧대로 듣고 잔소리를 하고 있습니다. 따라서 아이가 엄마에게 그런 말을 했을 때 아이는 신호를 보내는 것입니다. 이때 엄마는 아이의 마음을 읽어줄 필요가 있습니다. 부모가 아이와 대화를 하는 이유는 아이의 마음을 위로하고, 감정을 조절해주고, 기다려주는 과정이라는 것을 잊지 말아야 합니다. 대화를 통해 아이와 좋은 관계를 만드는 것이 목적입니다. 단지 어떤 문제만 해결하려고 하고 아이에게 어떻게 하라고 명령만 한다면, 아이와 부모의 관계는 악화될 수밖에 없습니다. 관계가 악화되면 아이는 부모의 말을 더 듣지 않게 되고 상황은 더 안 좋아질 수밖에 없지요.

이때 부모가 아이에게 대안을 주어 선택을 하고, 그 선택에 대해 아이 스스로 책임을 지게 하도록 하는 것이 중요합니다.

한 예를 들어보겠습니다. 마트에서 마구 뛰어다니는 아이가 있습니다. 그 모습을 보면 부모는 아이를 얼른 붙잡아 통제하고 싶어합니다. 그럴 때 부모가 아이에게 무조건 "뛰지 마", "뛰면 혼내줄 거야"라고 말하는 것보다 "엄마랑 손 잡고 걸어다닐래? 아니면 카트에 앉아서 편하게 있을까?" 하고 묻고 아이에게 선택을 제시해주는 것이 좋습니다.

만약 아이가 엄마랑 손 잡고 걷겠다고 했는데도 뛰어다닌다면 그때는 단호하게 "너 카트에 앉겠다는 말이구나. 약속 어겼으니까 카트에 앉아"라고 말하면서 그렇게 실행해야 합니다. 이렇게 아이가 자기가 선택한 것에 대해 책임을 지도록 하는 연습을 하면, 부모가 굳이 통제하고 잔소리를 하지 않아도 됩니다. 무엇보다 아이에게 행동할 수 있는 범위에 한계가 있다는 것을 아이 스스로 알게 하는 것이 중요합니다. 앞으로의 사회생활을 위해서도 부모는 아이에게 자신이 선택한 것에 대해 스스로 책임질 수 있어야 된다는 것을 가르쳐야 합니다.

그런데 이쯤에서 궁금증이 생깁니다. 부모들이 아이에게 잔소리를 하는 심리의 저변에는 어떤 것들이 존재하는 걸까요?

아이를 사랑해서 잔소리를 한다고 부모들은 말합니다. 하지만 그 밑바닥을 유심히 살펴보면 아이를 통제하고자 하는 마음, 엄마로서의 자존감 부족, 아이와 나를 분리하지 못하고 동일시하는 마음이 있습니다.

한국 엄마와 영국 엄마들을 대상으로 한 실험을 다시 살펴보겠습니다. 실험 결과를 보니, 한국 엄마들은 아이를 생각하면 활성화되는 뇌 부위가 자신을 생각하면 활성화되는 뇌 부위와 일치했습니다. 부모는 아이가 잘 클 수 있도록 옆에서 도와주고 지켜봐주는 사람일 뿐인데, 자신과 동일시하며 자기 마음대로 통제하고 휘어잡으려 하는 것이지요. 아이와 부모의 관계에서 아이가 성장할수록 엄마가 하는 일들이 점점 줄어들어야 하는 것이 정상입니다. 그런데 그렇지 않다면 엄마의 애착이 점차 집착으로 변합니다. 아이가 모든 것이 엄마에 달려 있다고 생각하는 것을 바꿔야 합니다. 아이가 커갈수록 자율권을 주세요. 아이가 스스로 판단하고 결정할 수 있어야 합니다. 아이의 모든 것을 해주는 것이 아이에게 오히려 해가 된다는 것을 기억했으면 합니다. 아이 스스로 성장할 수 있도록 참고 기다리고 인내하는 데 에너지를 쓰기를 바랍니다.

••

아이를 사랑해서 잔소리를 한다고
부모들은 말하지만, 그 밑바닥에는
아이를 통제하고자 하는 마음,
엄마로서의 자존감 부족,
아이와 나를 분리하지 못하고
동일시하는 마음이 있습니다.

그렇다면 아이의 잠재력을 키우고 아이를 행복하게 하는 잔소리를 하려면 어떻게 해야 할까요? 다음과 같은 방법을 차례대로 실천해보기를 바랍니다.

1. 부모 스스로 내 감정을 조절하기
2. 아이 입장에서 이해하기
3. 아이가 먼저 말하고 표현하게 하기
4. 최대한 짧게, 한 번에 하나씩, 구체적으로 이야기해주기
5. 아이에게 해야 할 것 위주로 대안을 주고 선택하게 하기
6. 아이의 특성과 눈높이에 맞추어 이야기하기

위와 같은 순서를 기억하고 하나씩 적용해보세요. 처음에는 쉽지 않을 것입니다. 시간이 필요한 일입니다. 위 내용들만 잘 인지해서 실천해보면 아이의 변화가 차츰 눈에 보일 것입니다.

그렇다면 아이의 특성에 맞춰 대화한다는 것의 의미는 무엇일까요? 유아기, 아동기, 사춘기마다 아이들의 발달 상황과 심리적 특성은 모두 다릅니다. 부모들은 먼저 이런 부분들을 염두에 두어야 합니다.

또한 남자아이와 여자아이에 대한 접근방법도 달리 해야 합니

다. 남자아이라도 여자 같은 남자아이가 있고, 여자아이라도 남자 같은 여자아이가 있습니다. 따라서 그런 특성들을 고려하여 대화를 하면 좋습니다. 모든 아이들은 저마다 다른 기질을 갖고 태어납니다. 그 기질은 쉽게 바뀌지 않으며, 부모들은 기질이라는 원석을 잘 다듬어 보석을 만들어야 합니다.

성별에 따른 아이들의 심리적 특성을 살펴보겠습니다.

여자아이들은 사람을 중요하게 생각하며 관계 지향적입니다. 또 한 번에 여러가지 일을 할 수 있는 경우가 많습니다. 멀티플레이어인 거죠. 여자아이들에게는 입장을 바꿔 생각하게 하는 것이 좋습니다. "네가 그렇게 하면 동생 기분은 어떨 것 같아?" 이렇게 입장을 바꿔 생각해볼 수 있도록 이끌어줍니다. 사람을 좋아하기 때문에 역할 모델이 될 만한 사람을 제시해주는 것이 효과적입니다.

반면 남자아이들은 과업 중심적이며, 한 번에 하나씩만 일을 해나갈 수 있습니다. 따라서 남자아이들에게는 행동을 중심으로 구체적으로 칭찬하는 것이 좋습니다. 칭찬을 하더라도 내용을 중심으로 합니다. "멋져", "똑똑해", "실력 좋다"라고 말하기보다는 구체적으로 "퍼즐 이렇게 잘 맞췄구나", "이음새를 세밀하게 잘 만들었다. 아이디어 정말 좋다"라고 말하는 것이 좋습니다.

또 남자아이들의 경우 관계에 미숙한 편이니, 사랑하는 마음을 자주 표현해줄 필요가 있습니다. 표현하는 것이 어색하게 느껴지더라도 자꾸 사랑한다고 표현해주세요.

다음으로 부모들이 대표적으로 질문하는 아이의 기질 중심으로 유형별 대화법을 알아보겠습니다.

부모들이 가장 걱정하는 기질의 아이는 수줍음을 많이 타는 아이입니다. 그런데 수줍음이 많다고 꼭 나쁜 것은 아닙니다. 모든 기질에는 장점과 단점이 있습니다. 따라서 장점을 칭찬해주는 것이 중요합니다. 수줍음이 많은 아이는 사회적으로 민감한 아이입니다. 이런 아이는 다른 사람들의 반응에 신경을 많이 쓰고, 다른 사람의 평가를 중요하게 생각합니다. 따라서 수줍음이 많은 아이에게 절대 하지 말아야 할 말은 "너는 왜 다른 애들 같지 않아?", "다른 사람이 널 어떻게 생각하겠니? 답답해 죽겠다"라고 말하는 것입니다.

이런 아이에게는 대안을 제시하여 선택하게 하고, 역할 모델을 제시해주는 것이 좋습니다. "남들 앞에서 말하는 게 어렵지? 노래는 힘들어도 책은 읽어줄 수 있지?", "수줍은 사람 중에도 성공한 사람이 많아. 링컨도 어렸을 때 수줍음을 많이 탔는데도 크게 성공했잖아"라고 말해주세요.

그다음으로 부모들이 걱정하는 기질 중에 하나는 느리고 답답한 아이입니다. 이런 아이들은 꼼꼼하고 신중하고 차분한 성격의 아이일 가능성이 높습니다. 이런 아이에게 절대 하지 말아야 할 말이 "빨리 빨리 좀 해"입니다. 오히려 "기다려줄게. 꼼꼼하게 잘했네. 고민을 많이 했구나. 다음엔 어떻게 할까?"라고 말하며 기다려주세요. 처음에는 느리더라도 같은 행동을 반복하면 숙련이 돼서 행동이 빨라질 수 있으므로, 옆에서 보채지 않고 느긋하게 기다리면서 도와주는 것이 중요합니다. 느린 것의 장점은 신중함입니다. 생활하다 보면 그런 장점이 매우 긍정적으로 작용하는 일이 많습니다.

세 번째로 부모들이 걱정하는 기질 중에는 산만한 아이가 있습니다. 산만한 아이는 굉장히 활동적이고 외향적인 성격을 가진 아이가 많은데요. 내향적인 사람은 힘의 에너지가 자신 안에 있지만 외향적인 사람은 힘의 원천이 밖에 있습니다. 많은 부모들이 아이가 산만하다고 꾸지람하고 ADHD는 아닐까 걱정합니다. 그러나 절대 이런 아이에게 "너 왜 이렇게 산만하니?", "너 혹시 ADHD 아니야?"라고 말하지 마세요. 오히려 "아까 본 것 중에 가장 기억에 남는 게 뭐야?"라고 에너지를 모아주는 작업이 필요합니다.

이렇게 아이의 기질에 맞춰 키운다는 것은 감정을 구체적으로 칭찬해주고 아이가 가진 약점은 보완하여 나아지도록 도와주고 기다려주는 것입니다.

아이의 행복과 성공을 바라는 것은 모든 부모의 마음입니다. 그래서 잔소리도 하고, 아이에게 최선을 다하는 것이 부모입니다. 그러나 부모님들이 원하는 목적을 이루려면 좀 더 현명해질 필요가 있습니다. 자꾸 기억하고 연습하고 반복하면 부모와 아이의 관계는 훨씬 더 좋아질 수 있습니다. 이론을 들으면 쉽지만 막상 실천에 옮기기는 어렵습니다. 저 역시 교육에 대해 연구하고 항상 공부하지만 급한 성격 탓에 행동이 느린 딸에게 "빨리 빨리"를 입에 달고 살았습니다. 저와 다른 특성의 딸을 이해하기 힘들었기 때문에 말부터 앞섰던 것이지요. 어느 날 제가 대화법에 대해 쓴 책을 본 딸이 찔리지 않냐고 묻더라고요. 그만큼 감정이란 게 이론적으로 많이 알고 있더라도 훈련되고 익숙하지 않으면 조절하기가 쉽지 않습니다.

막상 아이 얼굴을 보면 이성보다 감정이 앞서는 것이 부모라고 생각합니다. 그래서 저에게는 이것만은 지키자고 생각하는 기본 원칙이 있습니다. 바로 '지지의 메시지를 보낸다', '재촉하지 않는다'입니다. 느긋한 딸에게는 성향에 맞는 대화가 있기 때문에 늘 기억하고 실천하려고 노력합니다.

소통은 기다림이고 인내이기도 합니다. 상대방을 이해하고 더 가까이 다가가기 위해 말을 건네는 것이지요. 일방적인 전달이 아니라 아이의 특성을 이해하기 위해 고민하고, 아이가 내 마음 같지 않더라도 조금만 기다려주세요. 그 마음이 말 속에 전해집니다. 그리고 말뿐만이 아니라 표정과 몸짓, 작은 눈짓으로도 아이와 소통할 수 있다는 것을 기억해주세요. 강연과 상담을 통해 수많은 부모를 만났습니다. 그 경험을 통해 제가 얻은 결론은 한결같습니다. 엄마가 행복하고 건강해야 아이가 정서적으로 행복합니다. 살면서 아이와 사소한 트러블이나 갈등은 있을 수 있지만 부모의 행복을 일상에서 느끼는 아이는 행복의 기운을 품고 있습니다. 표정만 봐도, 말소리만 들어도 기운이 느껴집니다. 그것은 숨길 수도, 속일 수도 없는 에너지입니다. 그 점을 기억하고 아이와 더불어 내면의 행복을 찾는 일에 온 힘을 쓰셨으면 합니다.

강의 뒤 오간 질의·응답

질문 1

문: 강연 중에 아이들 문제보다는 엄마의 문제가 크다고 말씀하셨는데, 저도 동감합니다. 엄마인 제가 감정 조절을 잘해야 한다는 것도 알겠는데, 어떻게 하면 감정 조절을 잘할 수 있을까요?

답: 감정 조절하는 것 쉽지 않지요. 저도 쉽지 않습니다. 가장 중요한 것은 자기 마음을 바라보는 것인 것 같습니다. 내 마음이 무엇인지 엄마 스스로 깨닫고 상대방의 마음까지 생각하면 그것이 감정을 조절할 줄 아는 것입니다. 내 감정의 주인이 되는 것이지요. 만약 엄마가 화가 났어요. 화를 참으면 그게 감정 조절을 잘한 것일까요? 그렇지 않아요. 화를 내더라도 후회하면 감정 조절이 아닙니다. 내가 화를 냈는데, 그것이 정당한 화라고 생각하면 감정 조절을 잘 한 것입니다. 화를 참아서 억울하고 속상하면 그것은 결국 홧병이 됩니다. 엄마들이 '내 끓어오르는 감정의 원인이 뭐지?' 자꾸 생각해야 합니다. 스스로 파악해보세요. 그리고 남을 붙들고 이야기를 많이 하세요. 친구랑 차 마시고 수다 떠세요. 끓어오른 감정을 자연스럽게 잠재우는 겁니다. 저마다 자기에게 맞는 방법이 있을 것입니다. 그렇게 하면 어느새 마음이 맑아진 자신을 볼 수 있을 것입니다.

질문 2

문: 저희 아이는 10살인데, 고집이 굉장히 셉니다. 제가 너무 힘들어요. 이런 기질을 가진 아이를 어떻게 대해야 할까요?

답: 고집이 센 아이는 까다로운 아이입니다. 아이가 까다로운 것이 아니라 엄마가 키우기 힘들어서 까다로운 아이입니다. 그 아이의 고집을 꺾을 수 없어요. 이럴 땐 기다려주는 게 최고입니다. 고집이 세다는 것은 강점이 있어요. 자기 주장이 분명하고 개성이 강하다는 거지요. 이런 아이들은 자기가 좋아하는 것이 생기면 어느 누구보다도 열심히 합니다. 그런데 자기가 좋아하는 것을 엄마가 직접 찾아주지 마세요. 아이의 좋은 점을 눈여겨보고 칭찬해주고 스스로 잘하는 것을 찾도록 도와주세요.

질문 3

문: 4살 여자아이를 키우는 엄마입니다. 저는 아이랑 소통이 안 되는 것 같아요. 아이가 청개구리처럼 행동해요. 울지 말라고 하면 울고, 하라고 하면 안 해요.

답: 아이가 엄마 말을 듣지 않고 운다는 것은 감정 조절이 잘 안 된다는 것입니다. 4살이면 감정 조절이 어려운 때입니다. 아직은 어려요. 아이가 운다고 해서 감정을 표현하는 것에 대해 야단치지 않으셨으면 합니다. "계속 울면 나가버린다", "그만 좀 울어라"라

고 말하는 것을 피하세요. 울거나 짜증내는 것을 받아주세요. 화가 나는 것인지, 불안한 것인지 그 원인에 대해서 파악하시는 것이 필요합니다. 한 걸음 물러나서 아이의 마음을 들여다보세요. 비난하거나 협박하지 말고요. 엄마가 스스로 고민을 해보세요. 아이가 화났을까? 아이가 슬픈가? 조심스럽게 다가가셨으면 합니다. 짜증내는 것으로 야단치지 마세요. 짜증과 화의 차이는요. 화는 화가 날 만한 이유가 있는 거고요. 짜증은 무슨 감정인지 구별이 안 될 때 짜증을 내는 것입니다. 왜 짜증이 나는지 원인부터 먼저 파악해보세요.

제6강

뇌의 발견,
좌우뇌 통합형 인재 만들기

- 김영훈. 가톨릭대학교 의정부성모병원 소아청소년과 교수

미래학자 다니엘 핑크는 앞으로의 시대는 하이콘셉트high-concept와 하이터치high-touch 시대가 될 것이라고 말했습니다. 과거 수렵시대, 농경시대, 정보화시대까지는 모두 좌뇌적인 사회였어요. 성실하고 불량품 없이 물건을 생산하고, 정보를 잘 체계화하고 모아놓으면 성공하는 시대였지요. 이제는 정보를 많이 가지고 있어도 소용없게 될 겁니다. 정보를 어떤 개념을 가지고 생산하느냐, 정보를 어떻게 바라보느냐의 문제가 더 중요해지죠.

우리 아이들이 미래 사회에서 자신의 잠재력을 맘껏 발휘하려면 정보를 바라보는 눈을 키워야 합니다. 통찰력을 키워야 하는 거지요. 앞으로는 창의력 높은 우뇌적인 사람이 성공하는 시대가 될 겁니다. 따라서 부모들은 우리 아이들이 좌뇌와 우뇌 모두 골고루 발달할 수 있도록 양육하고 훈육해야 합니다.

부모는 자식의 지성과 소질을 잘 반죽하여 조각할 책임이 있는 두뇌 조각가입니다. 그렇다고 몇백만 년의 진화에 의해 프로그램된 아이들의 두뇌 발달이 단지 한 세대 안에 부모가 마련해주는 특정 교육을 통하여 바뀔 수는 없습니다. 아이의 뇌는 부모가 쉽게 반죽할 수 있는 찰흙덩어리가 아니라 자연과 신에 의해 창조된 총체적인 계획을 따르는 하나의 기관입니다. 따라서 부모의 역할은 아이의 재능을 발견하고 아이 스스로 그 재능을 꽃피울 수 있도록 지지해주는 것입니다. 교육 심리학자인 하워드 가드너에 따르면 하나의 재능은 뇌에 분리된 고유의 영역이 있으며 한 가지 재능이 손상되었더라도 다른 재능들은 온전하다고 합니다.

영유아 시기의 뇌, 초등학교 시기의 뇌, 사춘기의 뇌의 발달 과정은 모두 다릅니다. 각각의 시기에 맞는 양육법을 부모들이 잘 알고 있어야 좌뇌와 우뇌가 조화를 이루는 양뇌적 인간으로 아이를 키울 수 있습니다.

우선 영유아 시기의 뇌에 대해 살펴보겠습니다. 이 시기 뇌는 한꺼번에 발달합니다. 시각, 말, 정서, 논리수학, 사회적 애착 및 기술, 운동, 또래와의 사회적 기술 등 모든 것이 한꺼번에 발달합니다. 그래서 오감교육이나 체험교육이 강조됩니다. 또 이때 모든 영역에서 발달이 적기에 이루어지지 못하면 아이 발달에 계속 부정적인 영향을 미칠 수 있습니다. 예를 들어 24개월 이전 아이들에겐 스킨십을 통해 정서 발달을 도와야 하는데 학습을 시킨다고 그 시기를 놓치면 다시 회복하기가 힘듭니다. 이 시기에는 과잉자극을 한다고 발달이 더 빨라지지는 않습니다. 과잉자극이 오히려 스트레스를 가중시켜 아이의 정서 발달을 지연시킬 수 있습니다.

6살 이전의 뇌는 한마디로 '공사중인 뇌'라고 할 수 있습니다. 6살 이전의 뇌에 어떤 자극과 교육을 주느냐에 따라서 뇌라는 구조물은 달라집니다. 따라서 두뇌 발달을 알고 그에 따른 뇌기반 자극과 적기교육을 해야 합니다. 그럼 단계별로 어떤 자극을 주어야 하는지 알아보겠습니다.

0~24개월 때는 뉴런들을 연결하는 시냅스가 급격히 증가하는 시기이기 때문에 정서적 안정이 무엇보다 중요합니다. 이 시기에 아이가 받은 스트레스는 기억을 담당하는 해마의 신경망을 위축시킵니다. 부모와의 스킨십이 무엇보다 중요한 때입니다. 많이 보듬어주고 많이 안아주세요.

25~36개월 때는 전두엽과 변연계가 활발하게 발달하는 시기

입니다. 종합적인 사고와 정서적 안정의 기초를 다지고 관계를 통한 학습이 중점적으로 이루어지는 시기이기도 합니다. 이 시기에는 운동 발달을 위한 놀이, 아이의 사회성이나 자아 존중감을 발달시키는 상징 놀이, 사회적 놀이가 필요합니다. 언어 발달도 급격히 이루어지므로 언어능력을 증진시키는 놀이도 필요합니다.

만3세~6세 때는, 전두엽과 우뇌가 발달하는 시기로 창의력과 정서 발달이 이루어집니다. 자신의 감정을 조절하는 것도 배우고 적절한 말과 행동으로 자신의 감정을 표현하는 것도 익힙니다. 창의력이 급격하게 발달하므로 부모와의 대화를 늘려서 종합적으로 사고하고 문제를 해결할 수 있는 능력을 키웁니다. 음악, 미술, 체육 등 아이의 재능을 발견하고 키울 수 있는 본격적인 교육도 가능해지는 시기입니다.

영유아 시기의 뇌는 한꺼번에 발달하지만, 초등학교 시기는 뇌가 부분적으로 발달합니다. 초등학교 시기의 뇌는 노출되는 시기가 중요하지 않고, 노출되는 시간이 중요합니다. 따라서 이 시기엔 아이가 좋아하는 것, 스스로 하는 것을 찾아 5,000시간, 1만 시간 노출시켜주면 아이가 그 분야에서 최고가 될 수 있습니다.

한 예로 특정 분야의 영재를 살펴보면 재능보다는 얼마나 그 분야에 집중적으로 시간을 투자했느냐가 중요한 영향을 미칩니다.

아이가 좋아하고 잠재력이 있는 영역이 생기면 5천 시간 이상 노출될 수 있도록 격려해주세요. 5천 시간은 하루에 3시간씩 7년간 노출되어야 이루어지는 시간입니다. 잠재력을 발견하고 잠재력이 있는 영역에 5천 시간 이상 노출하면 영재가 되고, 1만 시간 이상 노출하면 세계적인 인물이 될 수 있습니다.

부모가 아이의 공부에 관여할 수 있는 시기는 초등학교 시기입니다. 초등학교 시기에 아이의 잠재력을 발견하고 그것을 끄집어내어 적극적으로 노출시켜주는 것이 중요합니다. 하지만 그 과정이 아이 주체적으로 이루어져야 된다는 것을 기억하기를 바랍니다.

그렇다면 초등학교 시기 아이의 뇌 발달을 위해 부모가 신경써야 할 것은 무엇일까요? 뇌를 만드는 일도 중요하지만, 이것은 시간이 오래 걸리고 효과가 있는지 없는지 확실히 모릅니다. 오히려 바로 효과를 볼 수 있는 것은 신경전달물질 관리입니다. 뇌의 전기 역할을 하는 신경전달물질인 도파민, 세로토닌, 노르에피네프린을 관리하면서 뇌를 효율적으로 자극하는 것을 신경써주세요.

아이가 좋아하고 잠재력이 있는 영역이 생기면
5천 시간 이상 노출될 수 있도록 격려해주세요.
5천 시간은 하루에 3시간씩
7년간 노출되어야 이루어지는 시간입니다.
잠재력을 발견하고 잠재력이 있는 영역에
5천 시간 이상 노출하면 영재가 되고
1만 시간 이상 노출하면
세계적인 인물이 될 수 있습니다.

사춘기의 뇌는 초등학교 시기의 뇌랑 또 다릅니다. 이 시기엔 뇌의 후두엽이 발달합니다. 전두엽이 과부하가 되고, 변연계가 활성화되지요. 또 스트레스 대처능력이 저하되고, 멜라토닌 대처 능력도 저하됩니다. 보상중추 기능도 떨어집니다. 한 연구에 따르면 초등학교 저학년 아이들은 칭찬을 해주면 뇌가 반응을 한다고 합니다. 오히려 체벌은 효과가 없습니다. 그러나 대학생들은 단기적으로 칭찬보다 벌을 주면 효과가 있습니다. 사춘기 때 아이들은 보상의 뇌가 잘 작동하지 않아 칭찬도 벌도 효과가 없습니다. 그만큼 내적 동기로 움직인다는 뜻입니다. 따라서 부모와 아이가 정서적으로 친하지 않으면, 아무리 부모가 옳은 얘기를 해도 부모 얘기가 전해지지 않을 가능성이 높습니다. 정서지능이 중요한 것은 훗날 부모와의 관계에서 도드라집니다.

영유아, 초등학교, 사춘기마다 모두 뇌가 발달하는 모습은 다릅니다. 부모들이 이를 잘 이해하고 있으면 보다 아이들을 효과적으로 교육시킬 수 있습니다. 특히 부모 역시 우뇌를 이용해 아이의 감정에 공감해주고 아이의 감정을 말로 자꾸 표현해주고 소통하는 것이 필요합니다. 그렇게 하면 아이의 두뇌 활동에 필요한 신경전달물질들이 활성화돼 두뇌 발달이 촉진됩니다. 공부를 잘하는 아이를 만들고 싶다고 무조건 사교육을 많이 시키고, 아이의 감정을 고려하지 않은 학습을 강요한다면 그것은 오히려 두뇌 발달을 저해하는 행동입니다. 아이의 정서가 두뇌 발달에 매우 중요한 요소임을 부모들이 꼭 알아두어야 합니다.

그럼 좌뇌와 우뇌의 통합은 어떻게 이루어지는 걸까요? 무엇보다 좌뇌와 우뇌의 차이를 이해하고 적절한 방향으로 아이를 이끄는 것이 중요합니다.

우선 좌뇌부터 살펴볼까요? 좌뇌는 질서를 좋아하고 규칙을 추구합니다. 논리적이고, 정확하며, 순서를 지키려고 하며 언어적입니다. 반면에 우뇌는 통합적이고 경험의 의미나 느낌에 신경을 쓰며 이미지, 감정, 개인적인 기억에 의존합니다. 의사소통을 하여도 좌뇌는 말의 내용이나 논리에 주의를 집중하는 반면 우뇌는 표정이나 시선, 억양, 자세, 몸짓과 같은 신호를 주고받습니다.

여러 인지기능과 마찬가지로 감정 역시, 좌뇌와 우뇌에서 동일하게 처리되지 않습니다. 감정은 우뇌에서 더 많이 관장합니다. 말을 할 때도 감정은 우뇌에서 처리되며, 우뇌가 관장하는 왼쪽 얼굴에 강한 표정이 나타납니다. 뇌에서는 모든 것이 대각선으로 연결되므로 왼쪽 귀가 오른쪽 귀보다 감정적인 뉘앙스를 잘 감지할 수 있습니다. 감동적인 이야기는 왼쪽 귀에다 이야기하는 것이 효과적입니다. 우뇌만 감정에 참여하는 것은 아닙니다. 우뇌가 두려움, 걱정, 공포와 같은 부정적인 감정을 관장하는 반면, 좌뇌는 무엇보다 긍정적인 감정들을 관장합니다. 좌뇌와 우뇌가 서로 다른 속도로 성장하고 발달하는 동안 한 번은 좌뇌가, 한 번은 우뇌가 우세하기도 합니다. 긍정적인 감정을 처리하는 좌뇌가 우세한가, 부정적인 감정을 처리하는 우뇌가 우세한가에 따라 아이도 변하는 것입니다.

주저하는 반응이 심한 아이들은 종종 우뇌우세형 아이들, 즉 오른쪽 전두엽의 활동이 강한 아이들입니다. 반면 거리낌 없는 태도를 보이는 아이들은 좌뇌우세형 아이들입니다. 이러한 기질적 성향이 이미 생후 10개월 유아의 뇌파 검사에서도 나타나는 것으로 보아 기질은 유전된다고 볼 수 있습니다. 반면 성격은 기질보다는 환경에 많은 영향을 받습니다. 기질이 주로 대뇌변연계 하부, 무엇보다 편도체의 특성인 반면, 성격은 환경의 영향을 많이 받고 점진적으로 성숙하는 전두엽에 의해 조절됩니다.

남녀의 차이도 있습니다. 공격적인 행동을 유발하는 편도체는 여자아이보다 남자아이가 크기 때문인데요. 남아의 편도체는 전전두엽으로 통제되기가 쉽지 않습니다. 반면 여자아이는 전두엽의 안와전전두피질이 안정과 고요를 활성화시켜 편도체의 충동을 조절할 수 있습니다. 이런 이유로 남자아이는 여자아이에 비해 충동적으로 공격성을 보이는 일이 잦게 되는 것이죠. 또한 대뇌변연계의 활동이 불균형한데 무엇보다 부정적인 감정을 담당하는 우뇌가 우세한 경향이 있습니다.

아이가 인생을 살아가기 위해 감정은 절대적으로 중요하지만 부모는 감정이 아이의 삶을 완전히 지배하길 바라지 않을 것입니다. 우뇌가 뇌 기능을 지배하고 좌뇌의 논리를 무시한다면 아이는 이미지나 몸의 감각, 감정의 홍수에 빠져 허우적거릴 테지요. 하지만 마찬가지로 아이가 좌뇌만 사용해서 논리와 언어를 감정과 개인적 경험에서 분리하게 해서도 안 됩니다. 이런 경우, 아이는 마치 감정이 메마른 사막에 있는 기분으로 인생을 살게 될 것입니다.

훈육의 목표는 감정의 호수나 감정의 사막을 피하는 것입니다. 부모는 비합리적인 인상이나 자전적 기억, 필수적인 감정들이 나름의 중요한 역할을 수행하도록 놔두고 싶어하지만, 그런 면들을 자아와 통합하여 삶에 질서와 체계를 부여하고 싶어하기도 합니다. 따라서 전뇌적 양육이란 아이에게 휘둘린다거나 나쁜 행동을 부추긴다는 뜻이 아닙니다. 오히려 그 반대로, 아이의 뇌가 어떻게 작용하는지 이해함으로써 큰 혼란 없이 아이의 협조를 빨리 이끌어내자는 것입니다. 그렇다면 뇌의 반응은 어떻게 이끌어낼까요?

첫째, 아이를 달래듯 다정하게 대하세요.

아이의 주장이 부모에게는 어이없고 비논리적으로 생각되겠지만, 아이는 자기가 부당한 대우를 받고 있고 자기의 불만이 정당하다고 진심으로 믿습니다. 아이가 속상해하고 있다면, 우뇌의 정서적 욕구를 반영해줄 때까지 좌뇌의 논리는 도움이 되지 않을 때가 많습니다. 우선 부모는 우뇌 대 우뇌로 아이의 감정을 알아주어야 합니다. 이때는 정서적 교감이 중요합니다. 부모와 아이는 서로의 마음을 알아줌으로써 연결되었다는 느낌을 경험합니다. 부모는 신체접촉, 공감하는 표정, 달래는 억양, 비판 없는 경청 등으로 아이의 우뇌를 달래주세요.

둘째, 대화를 통해 좌뇌에 다시 방향을 잡아주세요.

아이와 정서적 교감이 이루어졌다면 부모는 자신이 아이들을 공평하게 대하려고 얼마나 노력하는지 논리적으로 설명합니다. 아이는 감정이 안정이 되면 부모의 말을 들을 준비를 하게 됩니다. 아이가 원하는 것 중 부모가 해줄 수 있는 것이 있다면 구체적으로 약속을 하고, 앞으로 무엇을 할지, 그것을 재미있게 하기 위해서 같이 계획함으로써 좌뇌를 사용할 기회를 주어야 합니다.

셋째, 무조건 다 받아주거나 정해진 한계를 허물지 마세요.

아이의 좌뇌가 기능을 하지 못한 상태라고 해서 존중과 행동의 원칙을 버려서는 안 됩니다. 예를 들어, 무례하게 굴거나 다른 사람을 다치게 하거나 물건을 던지는 등, 허용해서는 안 되는 행동은 아이의 감정이 아무리 격할 때라도 여전히 금지해야 합니다. 부모는 아이와 교감하거나 방향을 잡아주기 전에 아이의 나쁜 행동을 제지하거나 아이가 옳지 못한 상황에서 벗어나도록 도와주는 것을 우선순위로 두세요.

넷째, 일관성을 지키기를 바랍니다.

아이에게 올바른 생활습관을 갖게 하려면 부모가 양육에 일관성을 갖는 것이 중요합니다. 똑같은 잘못을 저질러도 부모의 기분에 따라 어떨 때는 혼나고, 어떤 때는 그냥 넘어가면 아이는 혼란스럽고 불안해집니다. 무엇이 바람직한 행동이고, 무엇이 부적절한 행동인지 헷갈리기 때문이겠죠. 아이에게 바른 생활습관을 갖도록 원칙을 정하기에 앞서, 부모부터 일관성을 지켜나가도록 유념하기를 바랍니다.

다섯째, 부모의 생활습관을 점검하세요.

아이가 만나는 최초의 관계는 바로 부모입니다. 이런 사회적

••

아이가 인생을 살아가기 위해
감정은 절대적으로 중요하지만
부모는 감정이 아이의 삶을 완전히 지배하길
바라지 않을 것입니다.
훈육의 목표는 감정의 호수나 감정의 사막을
피하는 것입니다.

관계에서 부모의 행동을 아이들은 보고 배우게 됩니다. 부모의 말투나 표정은 물론 행동, 식습관, 좋아하는 음식까지 닮습니다. 이를테면 정리정돈하지 않는 부모 밑에서 자란 아이에게 정리정돈 잘하는 습관을 기대할 수는 없습니다. 또 부모가 불규칙하게 생활하면 아이 역시 불규칙한 생활을 하기 쉽습니다. 뿐만 아니라 부모가 짜증을 자주 내면 아이 역시 사소한 일에도 짜증을 잘 냅니다. 아이는 부모의 뒷모습을 보면서 자랍니다.

부모는 아이에게 생각하는 힘뿐만 아니라 살아가는 힘을 키워주어야 합니다. 그래야 아이가 행복해집니다. 어떻게 살아가고 무엇이 될 것인지는 아이가 선택하고 결정하게 해주세요. 앞서 말했듯, 다니엘 핑크는 앞으로의 시대를 하이콘셉트와 하이터치의 시대라고 했습니다. 이제는 정보를 모으는 것보다는 정보를 어떤 콘셉트를 가지고 바라보느냐가 더 중요하고, 인지적 판단도 중요하지만 감성적이고 스토리가 있는 정보여야 의미가 있습니다. 좌뇌와 우뇌의 조화를 통해 우리 아이가 다가올 세상에서 자신의 가능성을 마음껏 펼쳐볼 수 있도록 도와주기를 바랍니다.

뇌가 우리 몸에서 차지하는 면적은 2퍼센트밖에 되지 않지만 뇌가 사용하는 산소의 양은 20퍼센트가 넘습니다. 그만큼 작은 면적을 차지하는 뇌가 하는 일은 매우 많습니다. 뇌에는 100억 개가 넘는 뇌세포가 있으며 각각의 뇌세포는 하나당 1천 개에서 1만 개의 시냅스를 통해 다른 뇌세포들과 연결되어 있는 복잡한 연결 구조를 가지고 있습니다.

이렇게 복잡한 구조를 가진 뇌지만 뇌 발달 단계를 정확히 이해하고 아이에게 맞는 적절하고 긍정적인 자극을 주면 아이의 뇌는 무한한 잠재력으로 발달하게 됩니다. 뇌라는 영역은 아직도 개발이 무궁무진한 신비스러운 존재입니다. 우리 아이를 함께 알아간다는 마음으로 뇌라는 우주를 이해하기를 바랍니다.

제7강

본보기, 진정한 사랑의 양육법

– 이정희, 한국루돌프슈타이너인지학연구센터 대표

많은 부모들이 아이에 대한 교육이 학교에서 시작된다고 생각합니다. 그런데 아이의 첫 번째 교육자는 누구일까요? 바로 부모입니다. 영유아기 때 교육의 열쇠를 쥐고 있는 사람은 다름 아닌 부모입니다. 아이들은 부모를 보고 모방을 합니다. 부모는 아이들의 거울인 거죠. 우리 시대 부모들은 자신이 교육자임을 자각해야 합니다.

지구상의 모든 아이는 완벽한 존재로 태어납니다. 아이마다 제각기 다른 재능과 관심을 가지고 탄생하며, 또한 아이들은 저마다 다른 길을 걷게 됩니다.

많은 부모들이 이런 아이의 완전성에 대해 머리로는 잘 이해하지만, 내 아이를 바라볼 때면 항상 무엇인가 부족함을 느낍니다. 그 이유는 대체 무엇일까요?

어떤 부모들은 아이는 본래 완벽한 존재라는 말에 안심하면서도 반신반의의 표정을 짓기도 합니다. 그리고 불안해하는 모습도 보이지요. 내 아이에게 그 완벽함이 언제까지 유지되며, 언제부터 깨지기 시작하는지 모르기 때문입니다. 어떤 경우는 완벽이 무엇을 뜻하는지 이해가 되지 않아 답답함을 토로하는 부모들도 자주 만납니다.

우선 '완벽'의 의미를 함께 생각해볼 필요가 있습니다. 이런 상상을 한번 해보기를 바랍니다. 오랫동안 원하던 집을 자연목을 사용하여 한옥으로 아담하게 한 채 지었습니다. 어느 날 오후 여유시간을 즐기며 마루에 누워서 천장을 올려다봅니다. 집 짓던 과정이 한순간 떠오릅니다. 집터를 다지던 일이며 주춧돌을 쌓던 날, 튼튼한 나무 기둥을 세우고 대들보와 서까래를 올리고 상량식을 가졌던 날, 기와지붕을 올리고 담장의 벽돌을 쌓던 시간들, 그리고 집 전체가 떠오르며 구조가 한눈에 들어옵니다. 이 집은 결국 건축자재 하나하나가 빈틈없이 완벽하게 제자리에 놓여서 만들어진 결과물임을 확인합니다.

우리의 삶도 이와 비슷합니다. 나무 목재가 모두 대들보로 쓰여서도 안 되고, 서까래와 기둥의 수도 그 집에 맞게 필요합니다. 기본이 되는 주춧돌은 몇 개로 제한되어 있고 기왓장과 벽돌도 적절하게 사용됩니다. 건축자재 하나하나의 쓰임새가 이처럼 알맞게 정해져 있듯이, 이 세상에서 사람이 존재하는 이유 역시도 제각기 다릅니다. 여러분의 자녀는 대들보일 수도 있고 기왓장일 수도 있습니다. 그러나 지붕의 완성을 위해 그 쓰임새의 비중은 똑같이 중요합니다. 혹시라도 기왓장들이 잘못 놓이면 집은 제기능을 할 수 없습니다.

아이는 삶의 어떤 과제를 가지고, 그 과제를 효율적으로 수행할 수 있는 '완벽한 능력'을 지니고 지상에 내려온 것입니다. 여기서 말하는 완벽은 객관적 수치나 타인의 인정에 의해 평가되는 것이 아닙니다. 울퉁불퉁한 자연목들이 집 짓는 과정에서 잘 다듬어져서 대들보와 기둥으로 쓰였듯이, 어린아이는 훗날 자신의 삶에서 저마다의 역량을 발휘할 것입니다. 하지만 부모의 기대치와 소망을 아이에게 투사하면 투사할수록 아이의 완벽성은 깨지기 시작합니다.

이제부터 부모는 자녀의 미래를 상상하지 말고 긍정적으로 생각하며, 아이와 함께 현재 주어진 시간을 흡족하게 즐겨야 합니다. 그리고 혹시 주변에서 갓난아이를 마주 대하게 되면, 그 아이의 눈을 들여다보세요. 천상의 흔적을 만나는 기회입니다. 어른은 어린아이의 순수함을 통해 내적 힘을 얻을 수 있습니다.

이제 아이를 어떤 관점으로 키워야 할지 말씀드리겠습니다. 무엇보다 아이에게 문제가 생겼을 때 첫 번째 교육자인 부모를 돌아봐야 합니다. 그동안 부모들이 아이를 어떻게 대했으며, 어떤 것을 놓치고 있었는지 살펴보았으면 합니다.

구체적으로 어떤 방법의 훈육이 아이를 가장 잘 이해하고 적절하게 반응하는지 알려드리려고 합니다. 특히 부모의 말은 어떻게 사용하느냐에 따라 약이 되기도 하고 아이에게 상처를 주기도 합니다.

부모들이 훈육의 방법으로 주로 사용하는 혼내기, 꾸중하기, 벌내리기가 과연 훈육일까요? 그리고 훈육과 칭찬의 기발한 기법이 따로 있는 것일까요? 보통 부모들은 말로 가르치려 하는데 너무 많은 말이 아이를 망칩니다. 그보다는 먼저 아이의 발달에 대해 정확하게 이해하고, 아이가 성숙할 때까지 부모로서의 책임감을 가지고 아이에게 행동으로 먼저 보여주는 것이 가장 좋은 태도입니다.

••

부모님은 자녀의 미래를 상상하지 말고
긍정적으로 생각하며, 아이와 함께
현재 주어진 시간을 흡족하게 즐기세요.
어른은 어린아이의 순수함을 통해
내적 힘을 얻을 수 있습니다.

예를 들어보겠습니다. 많은 부모들이 아이가 인사 잘하고, 어른에게 공손하게 존댓말을 쓰기를 원합니다. 아파트 엘리베이터에서 앞집 엄마를 만났는데, 아이가 인사를 안 한다면, 부모는 "왜 어른한테 인사를 안 해? 인사 잘해야 착한 아이지. 인사 안 하면 버릇 없는 애라는 소리 들어"라고 말하며 혼을 냅니다. 그리고 다시 집에 들어와 반복해서 인사를 잘해야 된다고 혼을 냅니다.

하지만 만 7살 미만 아이들에게는 아무리 이렇게 말로 해봐야 기억력 발달이 미숙해 효과가 없습니다. 가장 좋은 해결책은 엄마가 아이 보는 앞에서 이웃을 만날 때마다 인사를 잘하는 것입니다. 본인은 이웃에게 인사도 잘하지 않고, 친정 어머니에게 반말을 하면서, 아이에게는 인사 잘하고 어른에게 존댓말을 쓰라고 하는 것은 교육의 효과가 전혀 없습니다.

부모 스스로가 이웃을 만나고 어른을 만날 때 배꼽 인사를 하면, 아이는 저절로 어른을 만나고 이웃을 만나면 배꼽 인사를 합니다. 아이들은 투시력이 있는 존재이고, 보이지 않는 분위기를 파악할 수 있는 힘이 있습니다. 부모가 굳이 말하지 않아도 일상의 모든 것을 부모가 하는 행동 그대로 받아들입니다. 아이가 태어나서 초등학교 1학년 정도 될 때까지는 아이를 꾸짖고 설명하는 것보다 스스로 행동을 보이는 것이 가장 좋은 훈육법입니다.

영유아기 때 특히 부모들이 아이의 발달을 잘 이해해야 하는 것이 중요합니다. 아이의 발달을 잘 이해한다면, 부모들도 쉽게 화를 내거나 아이들을 혼내지 않게 됩니다.

교육학자들의 연구에 따르면 신생아기의 아이들은 아무 이유 없이 1~4시간 내리 울기도 합니다. 아이가 이유 없이 울 때 엄마들은 참다 참다 폭발해서 짜증을 내기도 하지요. 그러나 이것은 지극히 정상적인 발달 상황입니다. 아이가 이유 없이 울어도 '우리 아이가 적응을 하는 과정이구나'라고 생각해주세요.

돌이 될 때까지 아이들은 무수히 많은 의지를 발휘하려고 합니다. 기어보려고 하고, 서보려고 하고, 끊임없이 움직여보려 하지요. 따라서 기고 배밀이하고 장난감을 만져보고 이런 모든 과정들을 통해 근육의 결이 만들어집니다. 아이들은 이 과정에서 도전과 실패를 경험하고 오뚜기처럼 다시 일어나는 것을 체험합니다.

이 모든 것이 교육입니다. 부모는 아이가 기어서 무엇인가 잡아보려 하면 지켜봐주세요. 아이가 충분히 길 수 있는 기회와 시간과 공간을 주어야 합니다. 그래야 아이를 끈기 있고 의지력 강하고 뭔가 해내는 힘을 지닌 아이로 기를 수 있습니다. 또 엄마는 아이에게 충분히 길 수 있는 시간을 줘야 합니다.

만 2살 정도의 아이들은 무엇이든 만지면서 탐색을 합니다. 자기 의지로 뭔가 해보려 하는 것입니다. 이렇게 왕성하게 자기 의지를 발현해보려 할 때 제지당하면 아이는 엄청난 스트레스를 받게 됩니다. 당연히 아이의 의지도 꺾이게 되지요. 따라서 만 2살 정도의 아이들, 움직임이 활발한 시기에는 위험한 것은 다 치우고 맘껏 자기 의지를 발현할 수 있는 기회를 주어야 합니다.

만 3살은 교육적으로 매우 중요한 시기이기도 합니다. 바로 고집불통 반항기이기 때문입니다. 이 시기를 잘 보내면 청소년기에 오는 반항기도 후유증을 덜 겪을 수 있습니다. 만 3살 전후가 되면 아이들은 보통 "싫어" "안 해" "아니야"라는 표현과, "이건 내 거야"처럼 '나'라는 단어를 많이 씁니다. 이 시기에 아이들은 처음으로 '나'라는 의식이 생기고 자아가 싹트기 시작하지요. 이때 아이들은 모든 것을 자기 스스로 결정하고 싶어합니다. 따라서 부모는 아이의 옹고집, 고집불통 행동을 이해하고 환영하면서 아이들을 도와줘야 합니다. 이 반항기 때 좌절감을 많이 겪은 아이들은 나중에 공격적으로 될 가능성이 높습니다. 또 이 시기에 훈육을 자주 하면 주눅 든 사람, 자기 결정을 못 내리는 사람, 자아의 힘이 약한 사람으로 성장할 수 있으므로 아이에게 스스로 해볼 수 있는 기회를 주어야 합니다.

이제 만 4~5살 정도가 되면 아이들은 제법 말도 잘하고 어른의 말귀를 알아듣습니다. 그런데 이 순간, 부모들은 아이들에게 말로 모든 것을 가르칠 수 있다는 착각을 하게 됩니다. "문을 잘 닫아야지, 쾅 닫으면 안 돼", "휴지를 길에 버리는 것은 나쁜 거야. 휴지통에 버려야 해"라고 말을 하면서 끊임없이 아이에게 지시하고 설득합니다. 하지만 이 시기 아이들은 순간의 본능에 충실한 아이여서 말로 혼내도 왜 혼나는지 모릅니다. 이 시기에 부모들이 아이에게 "하지 말라"고 훈육하기보다 행동으로 문을 조심스럽게 닫고, 직접 규칙을 지키는 모습을 보여주면 바로 그것이 교육이 됩니다. 만 0~7살까지 가장 중요한 교육의 원리는 본보기, 모범을 보이는 것이라는 것을 꼭 기억해주세요.

그렇다면 학교에 들어간 이후 아이들은 어떻게 훈육해야 할까요? 이 무렵의 아이들에게 훈육을 잘 하기 위해서는 아이의 마음을 잡아야 합니다. 체벌이 아닌 다른 방식으로, 비유적인 행동을 찾아 훈육을 하는 것이 좋습니다. 훈육의 목표는 사회에 괜찮은 사람으로 나가려면 한계선이 있다는 것을 알려주고 아이 스스로가 내가 실수를 해도 허용이 되며 성장할 수도 있다는 것을 인식하도록 하는 것입니다. 그런 부모의 진심 어린 마음이 아이 마음에 전해졌을 때 아이 행동은 자연스럽게 바뀝니다.

만약 아이가 꽃밭에 들어가 꽃들을 밟는 장난을 칠 때, 엄마가 "그러지 말라"고 직접적으로 지적하면 아이들은 반항합니다. 그럴 때는 오히려 "일주일 동안 꽃밭에 물을 줘"라고 말하는 것이 좋습니다. 그러면 아이가 꽃밭에 일주일 동안 물을 주면서 생각을 하게 되죠. 왜 엄마가 꽃밭에 물을 주라고 했는지, 자신이 꽃밭에 들어가 짓밟은 꽃들이 얼마나 아팠을지에 대해서 생각하게 되는 겁니다.

또 아이를 혼낼 때 부모가 차분함을 가지고 객관성을 유지하면서 혼내야 합니다.

요즘에는 각종 양육서, 지침서, 교육서가 정말 많지요. 그것을 다 읽는다고 해도 부모가 지혜로워지지는 않습니다. 저는 부모들이 좀더 자기 스스로를 바라볼 수 있는 여유를 가졌으면 좋겠습니다. 자기 내면을 돌아보고 자기 성찰을 할 때 올바른 훈육이 됩니다. 과도한 칭찬, 과도한 훈육 모두 좋지 않습니다. 적절하게 해야 합니다. 현대인은 말로 하는 훈육을 너무 많이 합니다. 말이 아니라 행동으로 보여주는 훈육이 절실한 때입니다.

자식은 부모 마음대로 키울 수 없는 것이라고, 시부모님 또는 친정 부모님이 이야기한 적이 없나요? 오랜 세월 터득한 경험에서 우러나오는 소중한 조언들이니 새겨들으면 유익합니다.

아이는 부모의 유전적 흐름 속에서 태어난 것이라고 생물학적

주장을 펴는 사람도 있고, 또는 주어진 환경에 따라 성장하는 것이라는 환경설을 펼치는 학자도 있습니다. 하지만 실제 아이를 키우다 보면 부모 입장에서 이 두 가지 이론으로 설명되지 않는 부분이 너무 많습니다. 이론으로 다 알 수 있는 것이 아닙니다.

여러분의 자녀는 하나의 '개별체'로서 이 세상에 태어난 것이기 때문에, 아이에 대한 이해를 좀 더 포괄적으로 해야 합니다. 같은 부모 밑에서 같은 환경에서 자란 형제들, 심지어 일란성 쌍둥이도 아주 다른 모습으로 성장하는 것을 우리는 자주 볼 수 있습니다. 이처럼 아이의 성장 발달은 유전과 환경이라는 두 가지 요인만으로 좌우되는 것이 아닙니다. 저마다 다른 개별적 존재임을 인정해주세요.

영유아기의 육아에서 이어지는 자녀교육이 한국의 부모들을 혼란스럽게 합니다. 우리 사회의 변화무쌍한 육아 트렌드는 분명 자녀교육 열풍과 맥을 같이 합니다. 그런데 아동기 이후 다가올 학교교육의 성공을 위해, 그 이전 단계인 영유아기부터 최고의 양육을 시도해보려는 의도는 한국형 교육열을 넘어 대단히 위험한 발상입니다. 초중고생 시기에 있을 학업 성취와 공부 경쟁을 고려하여 영유아기의 양육 스타일을 정하는 것은, 아이를 심약하게 만들고 내면의 힘을 약화시키는 지름길입니다.

따라서 소중한 내 아이를 '어떻게 양육할 것인가'의 육아 정보들을 찾기보다, '무엇을 위해 내 아이를 키우며 교육할 것인가'에 대한 근본적인 질문이 필요한 시대입니다. 아이를 진정 사랑하는 부모라면, 육아의 본질을 파악하여 내 아이에게 집중하는 것이 중요합니다. 자녀의 본성을 이해하려면, 무엇보다 따뜻한 눈으로 아이를 관찰하는 아날로그 방식의 양육에 주력해야 합니다.

육아는 본래 주 양육자인 부모의 내적 자세에서 출발합니다. 부모인 내가 결정한 양육 방식으로 내가 소망하는 아이를 만들려고 애쓰는 것은 위험합니다. 아이가 어릴수록 실제로 필요한 것은 단순합니다. 어린아이에게는 생존을 위해 일상의 돌봄이 가장 중요합니다. 이것이 가장 기본이 됩니다. 그런데 많이들 놓치고 있지요.

육아의 질을 결정하는 다음 네 가지 요소는 발도르프 영유아 교육학의 관점에서 강조하는 부분이며, 헝가리 소아과 여의사로서 세계 영아 보육학의 기초를 만든 에미 피클러가 아이와의 신뢰를 강조한 양육법과 일맥상통합니다. 이것은 건강한 육아법을 찾고 있는 부모들을 위한 보편적이며 구체적인 실천 사항입니다.

첫째, 아이는 주변 사람들의 사랑과 온기를 필요로 합니다.

육아는 본래 주 양육자인 부모의
내적 자세에서 출발합니다.
부모인 내가 결정한 양육 방식으로
내가 소망하는 아이를 만들려고
애쓰는 것은 위험합니다.

태아는 모태 안의 따스한 보호막에 둘러싸여 최적의 상태를 경험하고 탄생합니다. 출생 전의 이런 경험을 바탕으로 갓 태어난 생명체는 엄마와의 친밀한 관계를 무의식적으로 요구하게 되지요. 양수 안에 들어 있는 페로몬 물질이 뇌 안에 이미 각인되어 있으므로 아기는 엄마의 호르몬 향을 기억합니다. 그래서 엄마 냄새만으로도 편안함을 느끼고 엄마의 품 안에서 최고의 안정감을 얻습니다. 그래서 모유 수유는 아이와 엄마와의 친밀한 관계를 맺는 데 가장 효과적입니다. 아이는 자신의 이런 기대 충족을 이룰 때, 방끗 웃는 미소로 만족감을 표하며 반응합니다.

둘째, 어른의 손길과 눈길은 따스한 무언의 언어입니다.

어린아이는 일상의 돌봄에서 양육자로부터 사랑받고 보호받고 있음을 본능적으로 확인합니다. 하루에 몇 번씩 기저귀를 바꿀 때, 어른은 기계적인 손놀림으로 행동하기 쉽습니다. 특히 바쁠 때는 손동작 안에 자신도 모르게 거친 손길과 분주함을 담고 있기 때문에 특히 주의해야 합니다. 또한 기저귀를 갈고 몸을 씻길 때 어른 입장에서 목표를 향해 '일처리'를 하면 아이는 쾌적함이 줄어들고, 경우에 따라서 불안함과 불쾌감을 느낄 수 있습니다. 질적인 돌봄은 어른 입장에서 자신의 행동에 집중하며 아이에게 따스한 눈길이 머무를 때 가능합니다.

셋째, 다정하게 말하는 대화 기술이 필요합니다.

생후 2년까지 어린아이의 말은 유창하지 않지만, 일상생활의 돌봄에서 어린아이와 대화는 중요합니다. 엄마가 따뜻하게 말을 걸면 아이는 다정하게 반응하며 안정감을 느낍니다. 예컨대 기저귀를 바꾸고 옷을 입힐 때나 물을 먹일 때, 아기에게 따뜻한 눈길을 주면서 부드러운 말씨로 엄마가 무엇을 할 건지 말하고 아주 잠시 기다려줍니다. 아이는 엄마의 표정과 몸짓, 그리고 그 상황의 분위기 속에서 안정감을 느끼고 내적으로 준비하여 협조적으로 반응합니다. 즉, 몸에 힘을 주어 버둥대거나 울지 않으며, 이어지는 일련의 동작을 알아차리고 엄마에게 편안히 자신을 맡깁니다. 이런 과정의 긴밀한 순간에 아이는 편안함과 신뢰감을 느끼게 됩니다.

넷째, 여유로운 몸짓을 위해 조용한 발길을 유지해야 합니다.

영아가 누워 있는 공간에서 어른들의 행동은 천천히 이루어져야 합니다. 사람의 몸짓 중에서 분주한 분위기는 특히 발길로 표현됩니다. 분주함과 서두름은 사람의 마음을 재촉하므로 불안감을 만듭니다. 아이의 내적 안정감을 위해 어른은 자신의 몸동작에 순간순간 주의하며, 특히 내면의 여유를 가지고 걸음걸이를 천천히 옮기도록 노력해야 합니다.

결론적으로 육아의 왕도는 어디에도 존재하지 않습니다. 내 아이의 이상적 발달을 위해 양육의 정도를 지켜나가야 합니다. 육아의 본질은 아이의 근본적인 욕구, 즉 관계 맺기에서 출발합니다. 결국 양질의 육아는 부모의 진정한 사랑을 토대로 일상의 사소함에서 시작됩니다. 이것은 부모의 욕심과 서두름을 버릴 때 가능합니다. 많은 부모가 아이의 신체 발달뿐 아니라 정서 부분과 지적 발달의 촉진을 위해 다양한 자극을 주려고 시도합니다. 특정한 양육 방식에 따라 영유아기의 발달이 한쪽으로 치우쳐 '웃자라기'를 부추기면, 아이는 자신의 타고난 재능과 역량을 펼치는 데 어려움을 겪게 됩니다. "잔디를 잡아당긴다고 빨리 자라지 않는다"는 아프리카의 속담을 음미해보아야 할 때입니다.

그리고 부모들은 어떤 생각과 비전으로 아이를 키우고 있는지 스스로 질문을 던져보아야 합니다. 아이들은 지구에 온 '이방인'입니다. 그런 아이들에게 '안내자'로서 부모의 역할이 무엇보다 중요합니다. 부모들이 제 역할을 이해하고 성찰함으로써 아이가 가고자 하는 방향의 본보기가 되어주세요. 일방적인 강요가 아니라 함께하는 발걸음으로 부모와 아이가 더불어 가는 삶으로 향했으면 합니다.

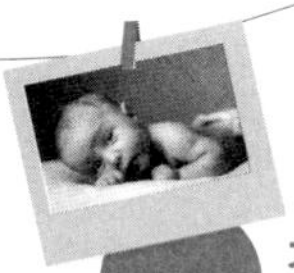

강의 뒤 오간
질의·응답

질문 1

문: 초등학교 5학년 아들이 있습니다. 강의를 들으니 저는 선생님이 하지 말라는 모든 것을 한 부모입니다. 제겐 너무 충격적이고 절망적입니다. 제가 이제부터라도 잘할 수 있다는 희망을 주셨으면 좋겠습니다. 좋은 의미에서의 권위 있는 부모에 대한 좀 더 자세한 조언을 부탁드립니다.

답: 엄마의 마음이 이해됩니다. 5학년이면 다 알아듣습니다. 엄마도 그동안 너무 아이를 나무란 것에 대해 반성하는 것이 아이에게 전해졌으면 좋겠습니다. 평소 엄마의 목소리가 아닌, 다른 분위기와 행동으로 엄마가 아이에게 상담을 신청하세요. 그동안의 엄마 뒤돌아보기를 하고, 어느 날 기회가 되면 "생각해보니까 엄마가 너한테 많은 얘기를 했어. 사실은 미안한 마음이야"라고 말하세요. 그렇게 의사소통을 할 수 있는 계기를 마련해야 합니다. 아이들이 마음의 문을 닫아버리면 소통은 봉쇄됩니다. 엄마와 많은 말이 오고갈 수 있다는 걸 보여주세요. 완전히 다른 톤으로, 다른 분위기로 아이에게 다가가서, 엄마가 나를 대접해주고 있다고 느끼도록 해주세요. 아이와의 진지한 대화는 결국 마음으로 통합니다.

질문 2

문: 초등학교 1학년 여자아이 아빠입니다. 의사소통을 어떻게 해야 할지 여전히 어렵습니다. 어떻게 해야 할까요?

답: 부모는 이미 권위를 가진 사람입니다. 초등학교 1학년에게는 엄마가 제일 아름답고 멋쟁이고 괜찮은 사람이고, 아빠가 제일 멋진 사람입니다. 그리고 권위는 신뢰 속에서 형성됩니다. 아이는 부모에게 명확한 방향 제시를 원합니다. 최고의 본보기를 원해요. 집에 마당이 있으세요? 그럼 마당을 쓸어보세요. 부인 보고 쓸라고 하지 말고 마당을 쓰세요. 눈 올 때 골목에 쌓인 눈을 치우세요. 정확한 행동을 보여주는 것, 그것이 제대로 된 의사소통입니다.

질문 3

문: 선생님께서 만 3살 반항기 말씀하셨는데요. 저희 아이는 초등학교 1학년인 남자아이인데, 3살 반항기가 지금까지 계속 되고 있습니다. 무조건 "싫다"는 말을 달고 살아요. 이럴 땐 어떻게 해야 하죠?

답: 만 3살 반항은 자아인 '나'를 의식하는 기간이예요. 초등학교 1학년과는 질이 다르죠. 아이가 "싫어"라고 말하면 눈을 보세요. "숙제 해야지"라고 다른 일 하면서 말을 하지 말고, 아이 눈을 보면

서 강한 어조로 숙제를 해야 된다고 말을 하세요. 혹시 유아기에 엄마가 너무 잔소리를 해서 아이가 엄마 말을 차단하고 있을지도 모릅니다.

질문 4

문: 33개월 어린이집 다니는 개구쟁이 아이가 있는데요. 아이가 자꾸 다른 애를 때려요. 과격한 행동을 하고요. 그런데 제가 다른 친구들 때리지 말라고 하면 알겠다고 해놓고 또다시 친구를 때려요. 그래서 걱정입니다.

답: 엄마가 아이에게 너무 많은 말을 하는 것은 아닌지 곰곰이 생각해보셨으면 합니다. 너무 엄격한 태도를 보인 것은 아닌지도 되돌아보셨으면 합니다. 아이들은 실수를 해도 된다는 전제로 아이를 대하세요. 지금 그 아이는 다른 아이를 때리는 게 아니라 친구들 사이에 끼지 못하니까 밀어보는 거예요. 아이는 잘해보고 싶은 거예요. 그런데 자기 마음과 다른 행동으로 잘못 나가는 겁니다. 그러니 엄마가 교사에게 이렇게 부탁하세요. 때려서 아파 우는 아이 쪽으로 아이를 데리고 간 뒤, 우는 애를 달래게 하라구요. 잘못한 애를 혼내는 게 중요한 것이 아니라 맞아서 아픈 아이를 달래는 게 우선이에요. 그리고 그 아이를 선생님 옆에 있게 하세요. 스스로 생각할 시간을 주는 것입니다. 그리고 아이가 집에 오

면 아이를 많이 안아주세요. 주말엔 아이랑 나가서 공을 차세요. 과격한 아이들은 신체적으로 발산을 많이 하는 것이 필요합니다. 산책도 하면 좋습니다. 그런데 산책한다고 하면서 교육시키지 마세요. 이것은 "밤나무, 도토리나무" 이렇게 알려주지 마세요. 그냥 나가서 걸어다니면서 에너지를 발산시켜주세요.

제8강

고통, 아이의 삶을 풍요롭게 하는 값진 선물

– 조선미. 아주대병원 정신건강의학과 교수

고통은 사람을 강하게 만든다. 그러나 고통으로 강해지지 못한 사람은 죽고 만다. 행복한 때는 우리가 고난을 어떻게 견딜 수 있는지 알지 못한다. 고난 속에서 비로소 우리는 자기 자신을 알게 된다.

스위스의 사상가이자 철학자인 카를 힐티의 말입니다. 고통은 사람을 단련시킵니다. 고통과 고난을 마주할 때 사람은 가장 성숙한 자신을 만날 수 있습니다. 그만큼 고통은 인간의 삶에 주어진 숙명 같은 과제입니다.

많은 부모들이 내 아이가 고생을 덜 하도록 하는 것이 부모 노릇을 잘하는 것이라 생각합니다. 그런데 막상 세상살이 해보면 어떤가요? 보람을 느끼고 무엇인가 더 큰 것을 이루려면 힘들지만 참고 해야 하는 경우가 많습니다. 우리 아이들이 간절하게 바라는 일을 할 수 있으려면 아이에게 고통과 친해지는 법을 알려줘야 합니다.

과거의 부모들은 아이에게 지나치게 엄격하거나 무관심해서 문제가 되는 경우가 많았습니다. 그러나 요즘 부모들은 아이에게 힘들고 어려운 일을 안 겪게 해주는 것이 좋은 부모라고 생각합니다. 그래서 아이들이 고통을 어떻게 다룰지 몰라서 문제가 되는 경우가 많습니다.

사람들은 살아가면서 다양한 감정을 경험합니다. 기쁨과 즐거움은 삶의 활력소가 되지만 참기 어려운 짜증이나 분노, 실망과 무력감은 삶에서 한걸음 물러서게 하고, 세상으로부터 자기 자신을 고립시키기도 합니다. 그렇지만 원하지 않는다고 해서 감정을 느끼지 않을 수는 없습니다. 정상적인 사람이라면 누구나 다양한 감정을 경험하고 감정의 영향을 받으며 살아갑니다.

뛰어난 지능을 가졌다 하더라도 성취감을 느끼고자 하는 동기가 없다면 사람들은 능력을 발휘해 문제를 해결하거나 새로운 과제에 도전하려는 시도를 하지 않을 것입니다. 이런 맥락에서 정서 연구자들은 정서 역시 인지능력처럼 그 자체로 높은 차원의 지능이라고 보았습니다. 정서는 사람들이 처한 상황 속에서 그 상황을 개선시키고, 목적을 성취하기 위해 발휘되는 정신능력인 것입니다. 정서는 동기화의 원천이기 때문에 목표를 달성하려면 정서를 이해하고 활용하는 것이 중요합니다. 사람들을 움직이려면 계속 경험하고 싶은 좋은 기분을 느끼게 하거나 다시는 겪고 싶지 않은 고통스러운 감정을 촉발시켜야 합니다.

정서 속에서 고통은 어떻게 바라보아야 할까요? 모든 이들에게 고통은 힘겨운 감정입니다. 하지만 요즘 우리 아이들을 보면서 이런 고통의 감정을 겪어보지 않아본 아이들이 얼마나 불행한가를 절실히 느낍니다. 삶은 행복과 고통이 서로 교차하며 채워가는 과정입니다. 완전한 행복도, 완전한 고통도 없습니다. 어떤 일도 순수한 기쁨만 있거나 끝없는 좌절만 있는 것은 아닙니다. 그런 인생의 이치를 배워갈수록 아이는 삶의 진실에 접근해갈 수 있습니다. 그래야 세상에는 싫어도 해야 하는 일이 있고, 하고 싶어도 참아야 하는 일이 있으며, 그것이 현실이라는 것을 아이가 받아들입니다.

한 번도 좌절을 겪은 적이 없다고 대답한 사람들의 행복지수는 열 번 이상 큰 좌절을 경험한 사람들과 비슷한 수준이었습니다. 행복지수가 가장 높았던 사람들은 살아가면서 3~6회 정도의 큰 좌절을 경험한 사람들이었고, 이들이 느끼는 스트레스도 가장 낮았습니다. 사람들은 좌절을 겪으면서 심리적 탄력성을 키워나갑니다.

저에게는 두 명의 아이가 있습니다. 그중에 큰아이인 딸이 대학 입시를 치르면서 겪었던 과정을 말씀드리겠습니다.

대입 입시를 마친 딸은 자신이 기대했던 것만큼의 점수를 받지 못했습니다. 실망한 아이가 재수를 하고 싶다고 이야기했습니다. 저는 아이가 힘들 것이라고 예상했지만, 아이가 스스로 선택한 만큼 허락했습니다. 다만 딸에게 당부한 것이 있었습니다.

> "재수를 하건 안 하건 너한테 주어진 이 시간은 아주 귀한 시간이니 잘 활용하렴."

그런데 딸은 재수학원에 다녀온 첫 날, 저를 붙잡고 펑펑 울었습니다. 왜 그러냐고 물으니 "엄마~ 학원에 갔더니 시커먼 건물에 창문도 없고 좁은 곳에 수십 명을 몰아넣고 하루종일 강연만 하더라. 재수가 이런 것인 줄 몰랐어"라고 하소연했습니다.

저는 말없이 딸의 이야기를 들어주었습니다. 그리고 아이의 감정이 가라앉을 때까지 기다렸습니다. 그때 저한테 든 생각은 '이제 스무 살이면 어른인데 힘들 때마다 이렇게 울고불고 하면 안 되지, 앞으로 아이에게 이보다 힘든 일들이 수도 없이 많이 일어날 텐데 이 고비를 잘 넘길 수 있도록 조언해줘야겠다'였습니다.

그래서 저는 딸에게 이렇게 말해주었습니다.

> "그래. 네가 힘든 것은 알아. 그렇지만 남들은 자기가 겪어보기 전까지는 네가 힘들다고 아무리 말해도 몰라. 그래서 엄마는 네가 지금 이렇게 힘든 것을 겪어보는 것이 매우 중요하다고 생각해. 네가 이렇게 힘든 일을 잘 이겨낸다면 앞으로 네가 인생을 살아갈 때 이 경험이 엄청나게 큰 도움이 될 테니까. 그런데 너가 지금 이 고통을 감당할 수 없고 너무 힘들다면 아무것도 안 하면 돼. 그런데 그렇게 하면 행복할까? 고통스럽지는 않겠지만 절대 행복해질 수 없어. 네가 어떤 일을 하더라도 무조건 행복한 일은 없어. 뭘 하든 고통이 있지.
> 지금 고통은 나쁜 게 아니야. 네가 뭘 하고자 노력하고 있다는 증거야. 그걸 참고 이루면 그다음에 기쁜 일도 찾아올 거야"

딸이 제 말을 유심히 듣더니 그 뒤로 투정 부리는 횟수가 줄었습니다. 그리고 점차 자신의 감정을 스스로 감당하고 처리하게

“지금 고통은 나쁜 게 아니야.
네가 뭘 하고자 노력하고 있다는 증거야.
그걸 참고 이루면
그다음에 기쁜 일도 찾아올 거야”

되었습니다. 그렇게 제 딸은 한 고비를 넘겼습니다. 분명 내적으로 성장할 수 있는 계기가 되었을 것입니다.

많은 부모들이 우리 애는 고생 안 하고 살았으면 좋겠다고 말합니다. 하지만 그럴 수는 없습니다. 아이의 어려움을 모두 대신해주려는 부모들이 많습니다. 어느 정도의 나이까지는 가능할 수도 있겠지요. 하지만 언제까지 아이의 옆에서 부모가 항상 있을 수는 없습니다. 더군다나 힘들다고 고생스럽다고 해서 나쁜 경험은 아닙니다.

고통스럽다는 것은 무언가를 이루려는 과정에 있다는 이야기입니다. 그래서 고통과 친해져야 하는 것입니다. 고통을 감수하고 이겨냈을 때, 그리고 성취했을 때 인생의 가장 큰 기쁨이 찾아옵니다. 저 역시도 새로운 도전을 하게 되면 고통스럽습니다. 제가 부모 강연을 위한 방송을 처음 시작했을 때의 긴장은 엄청났습니다. '이것을 꼭 해야 하나?' 하는 생각이 가득했습니다. 도전하고 새로운 일을 하는 것 자체가 부담스럽습니다. 설레고 불안한 마음이 교차합니다. 하지만 과정에서 겪는 고통이나 스트레스를 감당할 수 없으면 그 분야에서 탁월해질 수 없습니다. 이 과정을 이렇게 아이에게 전달할 수 있어야 합니다.

"힘들다는 것은 이 과정을 가기 위한 치열한 과정이야. 하지만 언제나 엄마가 네 옆에서 널 위로하고 격려해줄 수는 없어. 그러니깐 이제 너가 힘들 때 너 스스로 위로하고 다스릴 수 있어야 돼. 너가 힘든 걸 너 스스로 감당하고 위로해줄 수 있을 때 네 마음이 가장 편한 것을 느낄 거야."

정서지능은 부모와 자식 간의 상호작용에서 일어납니다. 만약 부모가 "힘들다"고 말하는 딸에게 "뭐가 힘들어! 네가 하겠다고 해놓고선 하루 다녀와서 그렇게 힘들다고 말해?"라고 말한다거나 "힘드니까 재수하지 마. 그냥 여기서 그만둬"라고 한다면, 그 아이의 정서지능은 훈련되지 않습니다. 부모가 감정을 수용하거나 공감해주지 않았기 때문에 부정적 감정이 해소되지 않으며, 고통을 다루는 법도 배울 수 없게 되는 거지요.

고통, 슬픔, 분노 등의 부정적 감정을 잘 다루는 것도 중요합니다. 무조건 억누르고 참는다고 해서 그 감정이 사라지는 것은 아닙니다.

암 환자들과의 집단 상담을 진행한 일이 있습니다. 암 환자들과 대화하면서 보니, 그들은 자기 감정을 억누른 경험이 많았습니다. 한 환자는 유방암 수술을 받은 직후인데 시어머니가 영하 10도의 날씨에 손자를 데리고 새벽에 공항까지 나와달라는 요구를 했습니다. 그 환자는 몸이 힘들었지만 시어머니의 요구대로 했다고 합니다. 제가 그 환자에게 물었습니다.

> "시어머니에게 화나지 않으셨어요? 저 같으면 남편과 시어머니에게 굉장히 화가 났을 것 같아요."
> "시어머니가 오죽 손자가 보고 싶으셨으면 그랬겠어요. 화는 안 났어요. 다만 그렇게 고생한 내게 남편이 수고했다고 말해주지 않아서 서운했어요."

그곳에서 만난 환자분들은 대체로 억울하거나 화나는 상황을 잘 참거나 주의를 딴 곳으로 돌려서 좋은 방향으로 해석하려고 했습니다. 하지만 그런 노력을 하는 것이 자기 감정을 잘 다스리는 것이 아닙니다. 감정을 참으면 결국 몸과 마음의 병이 됩니다. 감정을 잘 다스린다는 것은 감정을 부정하거나 억누르는 것이 아니라 그 감정이 저절로 사라질 수 있도록 기다리고, 어떻게 그 감정을 해소할 수 있을지 적절한 방법을 스스로 찾아서 활용하는 것입니다.

감정은 매우 복합적인 요소를 지니고 있습니다. 감정 중에서도

고통을 견디고 이를 성취해가는 능력을 키우는 것은
좌절내구력이 강한 아이로 성장하게 합니다.
좌절내구력이란 아이에게
어떤 문제나 시련이 생겼을 때 이를 극복하고
이겨낼 수 있는 힘을 말합니다.

고통이라는 감정은 분명 견디기 힘든 감정입니다. 고통스러운 상황이 오면 다 큰 어른도 그 감정을 피하고 외면하고만 싶습니다. 하지만 고통은 자기 자신이 느끼는 마음 상태에 따라 고통이 될 수도 있고 행복이 될 수도 있습니다. 행복은 불행이 없는 것일까요? 많은 부모들이 앞으로 아이에게 닥칠 불편과 위험을 차단해줘야 아이가 행복한 삶을 살 수 있다고 믿습니다. 부모가 볼 때 그 일이 고통 같아 보여도 아이에게는 그 일들을 해낼 때 행복할 수 있습니다.

고통을 견디고 이를 성취해가는 능력을 키우는 것은 좌절내구력이 강한 아이로 성장하게 합니다. 좌절내구력이란 아이에게 어떤 문제나 시련이 생겼을 때 이를 극복하고 이겨낼 수 있는 힘을 말합니다. 이런 좌절내구력은 경험과 시행착오를 통해 얻어집니다. 아이가 시행착오를 겪지 않게 하려는 것은 아이가 고생하지 않기를 바라는 엄마의 마음이지만 이런 경험들은 인생을 길게 놓고 봤을 때 아이의 내면을 단단하게 만들어 아이에게 훨씬 도움이 됩니다. 좌절내구력이 생기면 인내성, 낙관적 태도, 감정조절능력이 생깁니다. 하지만 아이에게 좌절이 없다면 좌절내구력이 생기지 않겠죠. 고통과 친해지고 좌절내구력이 생기는 원칙 세 가지를 알려드리겠습니다.

첫째. 세상에는 싫어도 꼭 해야 할 일이 있고, 하고 싶어도 반드시 참아야 할 일이 있음을 가르쳐주세요.

둘째. 아이의 머리, 손발이 되어주지 마세요.

셋째, 세상의 중심이 내가 아님을 알게 하세요.

꿈이 없는 아이는 도전하지 않고 노력하지도 않습니다. 처음 해보는 일들을 무조건 부모가 없으면 두려워합니다. 아이는 세상이 두렵기만 하고 조금만 해보다가 "안 하면 안 돼?"라는 말을 달고 살지요.

세상에는 꼭 해야 할 일이 있고 하고 싶어도 반드시 참아야 할 일이 있습니다. 아이가 "학교에 안 가면 안 돼?" 하고 묻습니다. 그때 아이를 설득하기보다는 단호하게 안 된다고 말씀해주세요. 부모의 권위 있는 말에 승복하고 수긍하도록 가르쳐야 사회에 나갔을 때 아이가 잘 적응할 수 있습니다. 아이의 곁을 항상 부모가 따라다닐 수는 없습니다. 회사나 학교에서 어떤 일이 주어졌을 때 일일이 "그건 안 돼"라고 절대로 알려주지 않는 게 사회입니다. 언제까지나 유치원에 다닐 때처럼 친절한 설명은 없습니다. 어떤 일들은 설명 없이도 해야 한다는 것을 스스로 이해하고 인지해야 합니다.

아이의 머리, 손발이 되어주지 말라는 이야기는 무엇일까요?

자기 일은 스스로 해야 합니다. 스스로 문제를 해결할 때 고생을 고통으로 여기지 않습니다. 손발이 되어준 부모 밑에서 자란 아이들은 스스로 결정을 내려야 할 순간에 결정을 내리지 못하는 사람이 됩니다. 사회에 나가서도 여전히 성숙하지 못한 사람으로 멈춰 있습니다. '내가 이런 걸 왜 해야 돼?'라고 생각하는 거지요.

또한 세상의 중심이 내가 아님을 알게 하세요. 자존감이 높은 아이로 키운다고 아이 위주로 대하다 보면 자칫 나만 잘난 아이가 되어버리고 맙니다. '난 안 그래도 잘하니까'라고 생각해서 어떤 문제를 해결할 때 더 노력하는 것이 아니라 쉽게 포기해버립니다. 미국에서는 과도한 자존감이 아이를 망친다는 인식이 확산되고 있습니다. 무조건적으로 "엄마가 다 해줄게, 잘한다 잘한다, 우리 아이는 뭐든지 잘해"라는 것은 아이에게 해가 될 수 있습니다.

요즘 부모들은 부모가 느끼는 사회에 대한 불안감으로 아이를 보호해줘야 된다는 생각에 모든 것을 해주다보니 아이가 생각하는 것조차 아이에게 권한을 주지 않습니다. 좌절내구력에는 감정을 조절하는 능력인 인내심과 낙관적인 태도가 중요합니다. 이것들은 연습을 해야만 근육처럼 자리를 잡아 아이의 근력을 키워줍니다. 이렇게 고통스러운 일을 웃으며 넘길 수 있는 건강한 정신을 가진 아이로 키우는 것이 중요합니다.

아이들이 가장 행복한 때는 스스로 무엇인가를 성취했을 때입니다. 그리고 자기 스스로 무엇인가를 성취하려면 가장 중요한 것이 성공 이전의 실패의 경험들과 시행착오가 있어야 한다는 것을 기억하세요. 고통의 경험을 제거하는 것은 실패 뒤에 다가올 아이의 가장 큰 행복을 빼앗는 것입니다.

부모가 아이에게 물려줘야 할 것은 스스로의 감정을 잘 조절할 수 있고 다른 사람과 좋은 관계를 맺고 자기 역할을 잘할 수 있도록 도와주는 것입니다. 부모 스스로가 아이와의 관계에서 감정을 잘 다스리는 법을 보여주면 아이가 자연스럽게 부모를 보고 배웁니다.

아이가 삶에서 어떤 상황에 놓였을 때 '가장 행복할까'를 생각해보았으면 합니다. 아이의 삶에 어떤 도움이 될지를 곰곰이 생각해보셨으면 합니다. 고통을 감내하고 스스로 성취하고 성장하는 아이로 크는 것은 뻔한 이야기 같지만 아이의 인생에서 매우 중요한 이야기입니다. 고통을 잘 다룰 줄 아는 아이가 되면 다른 어려움들을 나름의 방식으로 극복할 수 있습니다.

우리 아이가 어떤 사람으로 성장하길 원하시나요? 고통은 안 겪을 때 좋은 게 아니라 어렵고 힘든 감정까지도 잘 다스리고 극복하는 게 중요하다는 것을 꼭 기억하기를 바랍니다.

제9강

의욕, 삶의 방향을 세우는 핵심 동기

- 김영훈. 가톨릭대학교 의정부성모병원 소아청소년과 교수

한 엄마가 아이 문제로 병원을 찾아왔습니다. 아이가 집에 오면 아무것도 하지 않고 하루 종일 가만히 있는다고 합니다. 놀지도 않고 게임도 안 하고, 친구를 만나러 가지도 않고, 공부도 안 하니, 부모는 답답했겠지요. 아이는 심지어 제대로 잠도 자지 않고 학교도 휴학했습니다. 그런데 그 엄마는 병원에 와서 무슨 걱정을 했을까요? 아이가 그렇게 무기력한 상황인데도 오직 아이의 성적만을 걱정했습니다.

이 아이의 문제는 무엇인가요? 의욕이 없다는 겁니다. 미래를 꿈꾸고 공부를 하고 기술을 익혀 스티브 잡스나 빌 게이츠 같은 성공하는 사람이 되려면 반드시 필요한 단계가 있습니다. 바로 의욕입니다. 그런데 엄마들은 의욕에 대해서는 생각하지 않고, 성적만 걱정합니다.

우리 부모들의 현실이 여기 있습니다. 아이가 자신의 잠재력을 마음껏 펼치려면 무엇보다 의욕이 있어야 하는데, 많은 부모들이 동기부여를 너무 무시하고 있습니다. 상당수 부모들은 아이의 문제를 대신 해결해주고, 아이의 동기부여 측면을 무시한 채 성적이나 결과만을 중시합니다. 그래서 아이들이 점점 의욕을 잃어가고 있습니다. 좋은 부모가 되려면 아이에게 적절하게 동기부여를 해주고, 아이의 꿈을 이루기 위한 핵심 행동을 파악해 습관이 되도록 도와야 합니다.

그렇다면 의욕 있는 아이로 키우려면 어떻게 해야 할까요? 우선 부모들이 뇌에 대해 제대로 이해하고 아이들의 뇌 기능을 잘 보살펴야 합니다.

뇌는 대뇌피질, 변연계, 뇌간이라는 3층으로 구성되어 있습니다. 3층으로 구성된 뇌는 1층이 안정돼야 2층이 기능하고, 2층이 안정돼야 3층이 제대로 기능을 할 수 있습니다. 따라서 가장 밑층에 있으면서 생리적 욕구를 담당하는 뇌간의 기능이 안정화되고, 정서를 담당하는 2층 변연계의 기능이 잘 이루어져야, 이성

• •

좋은 부모가 되려면 아이에게 적절하게
동기부여를 해주고, 아이의 꿈을 이루기 위한
핵심 행동을 파악해 습관이 되도록 도와야 합니다.

과 판단력 등을 담당하는 3층 대뇌피질의 기능이 활성화되겠죠.

의욕이 없는 아이를 둔 부모가 생각해보아야 할 것이 의외로 영양부족으로 의욕을 못 느끼는 아이들이 있다는 사실입니다. 뇌간의 의욕이 안정화되려면 단백질과 복합 탄수화물을 잘 섭취하되, 단 음식을 많이 먹지 말아야 합니다. 뇌는 포도당만을 먹고 사는데, 단 음식을 많이 먹으면 뇌에 공급되는 혈당이 일정하게 유지가 안 돼 집중력도 저하되고 의욕도 떨어집니다. 따라서 아침밥을 반드시 먹이고, 단백질을 충분히 공급하고, 단 음식을 제한하는 올바른 식생활이 중요합니다.

그다음에 눈여겨보아야 할 것은 무엇일까요? 의욕 있는 아이로 키우려면 둘째로 뇌의 변연계 기능이 안정되도록 만들어야 합니다. 변연계는 뇌에서 정서를 담당하는 영역으로, 대표적인 부분은 편도체와 해마입니다. 편도체에서는 지진과 같은 공포심을 느끼고, 부정적 정서를 잘 기억하고, 적군과 아군을 구분하는 역할을 합니다. 엄마가 짜증을 내면 편도체에서 "아! 적군이 나타났다" 하고 인식합니다. 편도체를 관리하려면 부정적 정서를 해소해야 합니다. 실제로 화가 나고 슬프고 짜증이 나는 감정이 우리에게 머무르는 시간은 90초 정도입니다. 화가 났을 때 계속 화가 나는 이유는 무엇 때문일까요? 화가 나는 감정을 그대로 놔두기 때문입니다. 화가 나는 감정을 여러 방법을 통해서 긍정적이고 안정적인 상태로 만든다면 화가 계속 나지 않습니다.

따라서 분노나 슬픔 등 부정적 정서가 나타났을 때 아이가 어떻게 대처해야 할지 부모들이 방법을 가르쳐주는 것이 좋습니다. 아이가 좋아하는 음악을 듣게 해도 좋고, 심호흡하고 명상을 하는 법을 알려줘도 좋습니다. 눈동자를 좌우로 움직이기만 해도 부정적 정서가 감소하기도 합니다. 스킨십을 늘리는 것도 부정적 감정을 해소하는 데 도움이 됩니다.

뇌의 기억 중추인 해마는 긍정적 정서와 관련이 깊으며 단기 기억을 장기 기억으로 넘기고, 정보를 체계화하고 조직하는 역할을 합니다. 해마는 스트레스를 받거나 수면 부족이 오면 기능이 떨어지고 쪼그라듭니다. 따라서 아이가 과도한 스트레스를 느끼지 않도록 하고, 잠을 충분히 잘 수 있도록 해야 합니다. 그래야 아이의 학습능력도 향상되고, 긍정성도 높아져 의욕이 생깁니다.

아이가 4~5학년 정도가 되면 자기가 하고 싶은 일을 하고 스스로 유능하다는 감정을 느껴야 어떤 일이든 할 수 있습니다. 영유아기 때는 부모에게 이끌려 학습을 하더라도, 초등 고학년이 되면서는 재미가 없고 잘할 수 있다는 긍정적인 마음이 들지 않으면 지속적인 학습이 되지 않습니다. 따라서 긍정적인 마음, 안정된 감정을 갖는 것이 두뇌 발달에도 중요한데, 그것이 변연계의 역할이라고 볼 수 있습니다.

그런데 뇌가 좋다고 해서 반드시 성적이 좋거나 공부를 열심히 하는 것은 아닙니다. 컴퓨터가 있다고 해도 전기가 없으면 켤 수 없듯이, 뇌가 좋아도 뇌의 전기에 해당하는 신경전달물질이 부족하면 뇌 기능이 원활하게 작동하지 않습니다. 뇌의 신경전달물질인 도파민, 세로토닌, 노르에피네프린이 잘 분비되도록 신경 쓰면 훨씬 의욕적인 아이로 키울 수 있습니다. 그럼 어떻게 이런 신경전달물질을 활성화시킬 수 있을지 알아보겠습니다.

도파민

새롭고 도전할 만하고 재미있는 자극이 주어지면 뇌의 복측피개 영역이 활성화됩니다. 그리고 그것이 측좌핵으로 전달되고, 측좌핵에서 만족하면 뇌의 전두엽 부위로 넘어갑니다. 전두엽으로 가면 장기 기억으로 저장이 되고, 반복해서 그 자극을 준 행동을 하려고 합니다. 이렇게 도파민이 활성화됩니다. 따라서 이런 도파민 활성화를 도우려면, 새로운 것들을 보여주고 재밌게 가르쳐주는 게 중요합니다. 또 도전할 만한 과제를 주면 도파민이 활성화돼 자꾸 그 일을 하려 합니다. 한 단계 한 단계 올라가

뭔가 성취를 이루면 보상을 해주는 것도 좋습니다. 아이에게 칭찬, 격려를 해주는 것이 중요하고, 아이 스스로 마음이 움직여서 하는 것이 필요합니다. 아이가 자율적으로 그 일을 해서 성공·성취 경험이 있어야 도파민이 활발하게 생성됩니다.

어떤 엄마들은 아이에게 자신이 생각하는 학습의 요점만 가르치고 싶어합니다. 예를 들어 레고를 만들 때 제일 중요한 것이 엄마가 생각하기에 성이라고 할 때, 어떤 부모는 담을 쭉 만들어놓고, 아이에게 성을 만들도록 합니다. 또 그림은 인물이 중요하다고 생각해 인물 그림만 그리게 합니다. 과연 학습의 요점만 교육받은 사람이 성공할 수 있을까요? 결코 그렇지 않습니다. 아이들이 처음부터 끝까지 과정을 겪고 실행해봐야 성취감을 느낄 수 있습니다. 작은 성공, 작은 성취감이 중요합니다. 작은 성공 경험이 쌓여서 큰 성공을 이룰 수 있습니다. 그러면 도파민 형성이 잘됩니다. 따라서 아이에게 심부름도 시키고, 집안일을 돕도록 하고, 괜찮은 학습지 두세 개 정도를 골라 본인이 선택하도록 하는 것도 좋습니다.

세로토닌

세로토닌은 정서를 안정시켜주는 신경전달물질입니다. 마음을 안정시키고 행복하게 하는 물질이고 긍정적인 마음 형성에 영향을 미칩니다. 마음을 연다는 것은 세로토닌과 관련이 깊습니다. 아이를 혼내면 어떤 아이는 하루 종일 기분 나쁘고, 어떤 아이는 금방 기분을 회복해 공부하는 아이가 있습니다. 이것은 모두 세로토닌과 연관이 깊습니다. 또 의욕과 열정을 발휘할 때 이것이 지속적으로 유지되기는 힘듭니다. 장기적으로 의욕을 발휘하려면 긴장과 이완이 순환되어야 합니다.

세로토닌은 특히 음식이 중요합니다. 바나나, 콩 같은 트립토판 아미노산이 들어 있는 음식들을 먹으면 세로토닌이 높아집니다. 칼슘이 많은 치즈나 우유도 도움이 됩니다. 또 아이들에게 철 결핍성 빈혈이 생기면 산만해질 수 있으므로 생후 6개월 무렵 철분이 부족해지는 시기나 한참 성장하는 사춘기 때 철 결핍성 빈혈은 없는지 세심하게 살필 필요가 있습니다. 또 잠을 충분히 자고, 햇빛을 충분히 쐬면 세로토닌 형성에 도움이 됩니다. 공부를 50분 정도 하면 10분 정도 쉬는 시간이 필요한 이유도 이렇게 긴장과 이완의 순환이 필요하기 때문입니다.

노르에피네프린

이 물질은 긴장할 때 생기는 신경전달물질입니다. 이 물질은 집중력과 연관이 있습니다. 긴장을 하면 노르에피네프린이 활성화돼 높은 성취를 해낼 수 있습니다. 따라서 부모가 자기주도학습을 시킨다고 아이를 방목하는 것은 바람직하지 않습니다. 많은 부모들이 긴장감을 나쁜 것이라고 생각하는데, 결코 그렇지 않습니다. 적당한 스트레스와 긴장은 중요합니다. 따라서 아이에게 자기주도학습을 시킨다고 방임을 하는 것은 좋지 않습니다.

예를 들어 좌뇌우세형 아이가 혼자 공부를 하는 동안의 집중력을 조사해보면 20분 정도가 지날 무렵이 되면 집중력이 떨어집니다. 따라서 20분 정도 지나면 엄마가 방에 들어가 등을 탁탁 한 번 두드려주는 관심을 보여주면 아이의 집중력은 다시 살아납니다. 또 다시 20분 정도 지난 후에 엄마가 사과를 하나 깎아 들고 들어가 관심을 보여주면 집중이 유지됩니다. 이렇듯 아이에게 부모가 관심을 가지고 있다는 걸 인식시켜주는 것이 중요합니다.

뇌에 대해 잘 이해하면 아이의 의욕을 끌어올릴 수 있다는 것을 설명했습니다. 좀 더 구체적으로 '공부 의욕을 높일 수 있는 법'에 대해 알아보겠습니다.

제1법칙. 좋아하라

아이가 좋아하는 것을 하도록 놔둬야 합니다. 저의 어린 시절에 대해 들어보시면 좋아하는 것을 하는 것이 얼마나 중요한지 알 수 있을 것입니다.

제가 어렸을 때 그림대회에 나갔는데 장려상을 받았습니다. 예상하지 못한 상을 받고 기분이 좋았습니다. 그래서 그때 꿈은 만화가였습니다. 초등학교에 들어가 글을 썼는데 제 글이 교지에 실렸습니다. 그때 저는 '앞으로 커서 작가가 돼야지'라고 생각했습니다. 그래서 국어 공부를 열심히 했지요. 중학교 때는 북클럽을 만들었어요. 독서에 관심이 많아졌고, 이웃의 여자 중학교에 다니는 학생들과 독서클럽을 만들어 활동했습니다. 친구 아버지가 당시 다방을 하셨는데, 다방을 빌려서 일일 찻집 비슷한 것도 했습니다. 그러다가 문예반에 들어갔습니다. 콩트도 쓰고 문학가가 되겠다고 생각하며 열심히 소설도 읽고 시화전도 열고 '문학의 행사'도 진행했습니다. 그런데 제가 왜 의사가 되었을까요? 그 당시에 저는 이과였습니다. 적성 테스트를 해보면 이과적인 소질이 강했습니다. 그런데 당시 의사가 쓴 소설을 너무 재밌게 읽었어요. 그래서 의대에 들어가서 환자를 다루는 경험을 소설로 내보자는 생각에 의사가 됐습니다. 저는 학창시절 그림, 책, 독서, 문예, 시, 산문으로 마음껏 상상하고 생각하고 놀았습니다. 그래서 의사가 된 뒤에도 책을 많이 쓰고 강연하는 사람이 됐습니다.

꿈은 자꾸 변합니다. 고정된 것이 아니죠. 그런데 많은 부모들은 아이의 꿈이 고정될까봐 걱정합니다. 아이가 요리사가 된다고 하면 큰일났다 펄쩍 뜁니다. 아이들은 꿈이나 좋아하는 것이 수

시로 변합니다. 이것이 고정될 것이라 생각하지만 꿈은 자기의 능력과 유능감에 의해서 결정되기 때문에 변합니다. 지금 제가 거의 매년 책을 쓸 수 있는 것은 어렸을 때 숙련된 것이 있기 때문에 가능합니다. 그때 책에 푹 빠져 있을 때 다행히도 저희 부모님은 저한테 관여하거나 간섭하지 않으셨습니다. 아이가 좋아하는 것을 그대로 하도록 놓아두세요. 그것이 인생에 도움이 됩니다. 아이가 억지로 하는 것이 아니라 자기가 좋아서 하는 것은 인생의 어느 시기에 꼭 결정적인 도움이 됩니다. 부모들이 꼭 그 점을 기억하기를 바랍니다.

제2법칙. 스스로 하라

아이가 뭔가 할 의욕을 느끼려면 자존감이 있어야 합니다. 자기가 어떤 것을 해서 어떤 변화가 있었다는 것을 경험해야 의욕이 생깁니다. 따라서 아이가 자기 일을 스스로 선택하고 일의 결과에 책임질 수 있도록 하는 것이 중요합니다.

자기결정력은 자율성, 유능감, 유대감에 의해 강화됩니다. 참고서를 선택할 때, 똑똑한 부모라면 이런 점을 최대한 고려합니다. 가령, 5개의 참고서가 있다고 하면 3개는 별로고, 2개는 괜찮고, 1개는 아주 마음에 듭니다. 그러면 보통 부모들은 진짜 괜찮은 참고서를 들이밀면서 공부하라고 합니다. 그러나 현명한 부모라면, 별로인 참고서는 제외하고 괜찮은 것과 최고 좋은 참고서를 가지고 가서 "네가 원하는 게 뭔지 네가 결정해서 하라"고 합니다. 그렇게 아이가 스스로 선택하면 아이는 더 열심히 공부를 합니다. 이렇게 아이의 자율성을 높여주는 것입니다.

유능감은 좋아하는 것을 하는 자율성뿐만 아니라 부모나 주변 사람들의 격려나 관심도 중요합니다. 예를 들어보겠습니다.

정이라는 초등학교 4학년 학생이 있었습니다. 평소 수학을 일등까지 할 정도는 아니지만 좋아했습니다. 어느 날 이 아이가 시험을 봤는데 100점을 맞았습니다. 마침 그 반에서 수학을 최고로 잘하는 아이는 한두 개 틀렸습니다. 담임 선생님이 그날 반 아이들에게 "수학에 대해 모르는 것이 있으면 정이에게 물어봐"라고 말하고 격려해주었습니다. 그리고 7개월 후에 그 아이를 찾아갔더니 어떤 변화가 있었을까요? 그 아이는 수학만큼은 그 반의 최고가 돼 있었습니다. 자신이 잘한다고 생각하니까 유능감이 생긴 것입니다. 친구들이 물어보면 답을 해줘야 하므로 더 열심히 수학을 공부했고 결국 그 아이는 그런 과정을 통해 수학 분야만큼은 그 반에서 최고가 됐습니다. 수학을 잘하다 보니 국어도 잘하고 영어도 잘하게 됐습니다. 초등학교 2학년 정도 되면 잘하는 것이 한두 가지 정도는 생깁니다. 책을 좋아하든지, 수학을 좋아하든지, 만들기를 좋아하든지 잘하는 것이 있습니다. 부모는 그것을 중심으로 아이들을 가르칠 필요가 있습니다. 그리고 부모는 아이가 잘하는 것을 칭찬하고 격려해야 합니다.

제3법칙. 꿈을 가져라

꿈이 있으면 슬럼프를 벗어날 수 있습니다. 100점 맞는 게 꿈이거나 당장에 대학 입시가 꿈이면 그것을 못하면 좌절합니다. 100점 맞는 게 꿈이 아니라 인류에 공헌하는 예술가나 훌륭한 과학자가 되는 것이 꿈이라면 시련에서 금방 빠져나올 수 있습니다. 꿈은 장기전으로 가는 것이기 때문에 장애물을 만났을 때나 슬럼프에 빠졌을 때 도움이 됩니다.

또한 꿈을 가지려면 가치관이 있어야 합니다. 부모는 아이와 가치관을 나눠야 합니다. 남에게 베푸는 법을 가르치고, 멘토를 만들어주는 것도 도움이 됩니다. 꿈의 외연을 넓혀, 나, 가족, 사회에 대해 생각해볼 수 있도록 사고를 길러야 합니다.

제4법칙. 보상을 없애라

당근과 채찍으로 아이를 키우는 것은 치명적 결점이 있습니다. 내적 동기를 없애고, 성과를 감소시키는 결과를 가져옵니다. 창의성을 떨어뜨리고, 사기, 편법, 비윤리적인 행동으로 이끌기도 합니다. 따라서 아이에게 공부를 한다고 해서 보상해주는 행동은 바람직하지 않습니다. 오히려 집안일을 한 가지 이상 아이에게 맡기는 것이 낫습니다. 그리고 성적에 대한 대가나 벌 모두 바람직하지 않습니다. 성적이 아니라 배움을 중시해야 합니다. 출석을 중요시해야 하고, 원할 때마다 해주지 말고 의미 있는 보상을 해주는 것이 좋습니다. 벌은 신속하고 엄격하며 철저하게 해야 하고, 나쁜 버릇은 잘 고쳐야 합니다. 예의 없는 행동은 그냥 넘기지 마세요.

제5법칙. 숙련하라

숙련은 매우 중요합니다. 신중한 연습만이 성과를 낼 수 있습니다. 따라서 부모는 아이에게 꾸준하고 비판적인 피드백을 통해 어떤 일을 반복하고 또 반복할 수 있도록 해야 합니다. 아이들이 탁월한 성과를 올리려면, 그 분야에 1만 시간 이상의 투자를 해야 합니다. 그만큼 시간을 투자하여 꾸준히 그 분야의 숙련도를 높이게 하세요.

제6법칙 습관화하라

습관은 정말 중요합니다. 예를 들어보겠습니다. 아이의 성적이 나쁘다며 찾아온 부모가 있었습니다. 부모는 특별한 이유를 못 찾겠다고 했습니다. 상담해보니 아빠는 교육에 무관심해 보였습니다. 하지만 아빠 스스로는 인지하지 못하고 있는 듯했습니다. 그런데 이 아빠가 아이 목욕시키는 행동을 살펴보니 샤워기로 아이에게 대충대충 물을 뿌리고는 끝이었습니다.

이처럼 하나의 행동은 다른 행동에도 영향을 미칩니다. 아이 공부에 관심이 없다 보니 아이 목욕에도 관심이 없어지는 것입니다. 그리고 그것이 습관이 되고, 시간이 지나면 아이와 아빠는 서로 멀어지는 것이 당연합니다. 이처럼 습관에는 '핵심 행동'이 중요합니다. 핵심 행동을 파악해 그것만이라도 바꾸면, 다른 것에도 좋은 영향을 미칠 수 있습니다. 아침에 일찍 일어나는 행동을 습관으로 만들어놓으면, 그것이 아침 공부로 이어질 수 있는 이치입니다.

제7법칙. 스트레스를 관리하라

적당한 스트레스는 학업 성취도를 높입니다. 그런데 스트레스가 과도하면 그것 또한 의욕을 없애겠지요. 따라서 스트레스를 줄이는 음식인 블루베리, 토마토, 귤, 딸기, 고구마를 아이에게 제공하고 부정적 정서를 담당하는 편도체를 관리하도록 합니다. 앞에서 얘기한 것처럼 음악을 들으며 노래를 부르거나, 천천히 걷기, 심호흡이나 명상 등으로 스트레스를 관리하는 법을 알려주세요.

제8법칙. 두뇌성격에 맞게 공부하라

모든 아이들의 두뇌에는 성격이 있습니다. 크게 네 가지로 나누는데, 이성좌뇌, 감성좌뇌, 이성우뇌, 감성우뇌로 나뉩니다.

이성좌뇌형은 계획표를 중시하고 청각 학습자가 많습니다. 그래서 공부 환경을 조용하게 만들어주고, 복습·예습을 철저히 하도록 합니다.

감성좌뇌형은 목표가 분명한 것을 좋아합니다. 이런 사람들은 성취욕구도 높습니다. 성적 높은 사람 이름을 복도에 알린다고 하면 이런 아이들은 자기 이름을 거기에 올리기 위해 열심히 공부합니다. 이런 아이들은 토론하는 것을 좋아합니다. 따라서 구체적 지침을 정해주는 것이 좋습니다.

이성우뇌형은 학원 강의는 절대 듣지 않습니다. 누가 옆에 있어야 합니다. 자기가 좋아하는 것부터 해줘야 하는 것이지요. 옆에 누가 없으면 게을러지는 타입입니다. 칭찬을 좋아하고 예습을 잘해야 하고, 도전의식이 강해 시각적 학습자가 많습니다. 다양한 것, 새로운 것을 제공하는 것이 좋습니다. 동영상으로 공부하고, 과외가 효과적인 스타일입니다.

감성우뇌형은 관계를 중시합니다. 친한 아이 한두 명만 함께 공부하도록 하면 효과가 좋습니다. 특히 운동학습자가 많습니다. 이런 유형은 가만히 앉아 공부하는 것을 힘들어 합니다. 남한테

• •

아이가 좋아하는 것을 찾아
자기 스스로 하도록 해주세요.
그러면 아이는 유능하다는 느낌을 갖게 되고,
그것이 반복되면 습관이 됩니다.
습관이 되면 뇌의 효율성은 높아져서
아이의 잠재력은 더 높아지고,
아이 스스로 자신이 원하는 길을 가게 됩니다.

가르치면서 하는 공부 방법을 터득하면 잘합니다.

많은 부모들이 아이에 대해 이해하지 않고 단순히 교수나 의사가 되라는 둥 성적이 왜 오르지 않냐는 식으로 얘기합니다. 그러나 이런 이야기들은 아이들에게 의욕을 꺾게 만듭니다. 그렇게 하는 순간 부모는 아이에게 적군으로 인식되고, 갈수록 부모와 아이의 관계는 멀어집니다. 부모가 아이에게 올바른 식생활, 충분한 수면, 정서적인 안정을 제공해주면 아이가 의욕을 느낄 수 있는 기본적인 토대가 만들어집니다. 거기에다 아이가 좋아하는 것을 찾아 자기 스스로 하도록 이끌어주면 더욱 효과를 볼 수 있습니다. 그러면 아이는 유능하다는 느낌을 갖게 되고, 그것이 반복되면 습관이 됩니다. 습관이 되면 뇌의 효율성은 높아져서 아이의 잠재력은 더 높아지고, 아이 스스로 자신이 원하는 길을 가게 됩니다.

세상 모든 아이들의 능력이 다른 것이 아닙니다. 아이들의 능력이 다르게 보일 수밖에 없는 이유는 아이를 둘러싼 주위 환경이 다르기 때문입니다. 아이들은 어떤 환경에서는 뛰어난 능력을 만들어낼 수도 있고, 또 어떤 환경에서는 전혀 다른 능력을 나타내기도 하는 것이지요.

좌뇌형 리더, 빌 게이츠가 컴퓨터를 처음 접한 시기는 우리 아이들로 치면 중학생 때 정도였습니다. 처음 컴퓨터를 접한 아이는 밤새 컴퓨터만 다루며 공부를 소홀히 하기도 했습니다. 이때 빌 게이츠의 아빠는 아이를 혼내거나 강압적으로 공부하라고 다그치지 않았습니다. 아이를 다그치는 대신 주간 생활 계획표, 주간 식사 계획표 등을 짜주어 계획적인 생활을 하도록 했습니다. 무엇인가에 몰입하면 시간가는 줄 모르는 아이의 단점을 보완해 준 것입니다.

우뇌형 리더인 스티브 잡스는 머리는 좋지만 산만하고 까다로운 기질을 가진, 학교생활에 적합하지 않은 인물이었습니다. 초등학교 내내 성적은 바닥이었으며 그의 양부모는 그의 돌발행동으로 학교에 불려다녀야 했습니다. 그런 그가 놀라운 성공을 이룬 것은 바로 어린 시절부터 자기가 하고 싶은 것을 분명히 알고 있었고, 부모에게 그것에 대한 인정을 받았으며, 그 방향을 향해서 열심히 달려갔기 때문입니다.

요즘은 사회에서도 개인의 감성을 중요시하며 젊은이들도 자신들에게 가장 중요한 것은 삶의 질이고, 어떤 일이건 자신이 좋아하는 것을 열심히 하면서 살아야 성공한 인생이라고 평가합니다. 개성, 감성, 그리고 다양성이 중요한 시대이기 때문에 내가 좋아하고 원하는 것을 이루기 위해 노력하여야 합니다. 이제는 어떤 일을 선택하는 것도 중요하지만 '내가 좋아하는 일을 찾았는지'와 '그 일에 얼마나 열중하였는지'가 인생의 질을 결정한다고 볼 수 있습니다.

아이들이 호기심을 느껴 뭔가 해야겠다는 마음을 가지게 하는 것, 즉 하고 싶은 것을 찾고 그 마음이 생기게 해야 합니다. 다만, 하고 싶은 것은 단순한 재미가 아니라 열망하는 수준이어야 합니다. 큰 꿈을 가진 아이들은 열심히 살아갑니다. 또 그 꿈에 다가가기 위해 차근차근 자신의 목표를 이루어갑니다. 원대한 꿈을 꾸기 위해서는 자기관리를 열심히 해야 하고 좋은 습관을 만들어야겠지요. 아이에게 이렇게 말해주었으면 합니다.

"네가 옳다고 생각하면 그냥 그대로 해. 사람들은 몇 번 너를 무시할 수도 있지만 그다음엔 별로 관심을 가지지 않을 거야. 다른 사람의 말이 모두 옳은 것은 아니야. 네가 확신이 있다면 그때부터 열심히, 자기가 원하는 것을 하면 돼."

삶의 방향성을 알고 큰 그림을 그리며 꾸리는 삶은 분명 아이의 삶을 풍성하게 채워줄 것입니다. 단지 아이에게 성적을 강요할 것이 아니라 내면의 깊은 목소리에 귀 기울였으면 합니다. 자기 의지에 따라 의욕을 불태우며 삶의 소망들을 실현해나갈 때 아이는 부모의 상상 이상으로 크게 자랄 것입니다.

제10강

꿈,
엄마의 행복이 아이의 행복입니다

– 방승호. 전 중화고등학교 교장, 전 서울시교육청 장학관

내 안의 주파수에 집중해보세요. 무엇을 꿈꾸고 무엇을 원하는지요. 내 안의 주파수를 발견하면 삶이 달라지기 시작합니다. 아이한테 하는 행동, 남편한테 하는 행동이 달라집니다. 그래서 엄마들이 내 꿈을 찾는 것이 중요합니다. 자신의 꿈이 무엇인지 스스로에게 계속 물어봐야 합니다. 그리고 내가 일상에서 느끼는 감정이 무엇인지 한발짝 떨어져 들여다보기를 바랍니다. 엄마가 자신 안에 있는 감정의 걸림돌에 대해 알게 되면 아이와의 대화는 자연스레 풀립니다.

부모가 아이에게 마음을 열고 자연스럽게 대화하려면 어떻게 해야 할까요? 제가 가장 강조하는 것은 부모의 '핵심 감정' 읽기 입니다. 핵심 감정은 자신에게 매우 중요한 느낌으로, 아동기에 부모처럼 정서적으로 중요한 인물과의 관계에서 형성된 감정을 말합니다. 핵심 감정은 아동기 이후의 대인 관계에 그대로 적용되고, 자신도 모르게 무의식적으로 반복됩니다. 따라서 자신의 삶을 무의식적으로 지배하는 정서가 어떤 정서이며, 언제 누구와의 관계에서 어떻게 형성되었는지 자각하는 것이 중요합니다. 그것을 인식하게 되면 자신을 깊이 이해하게 되고 그것을 이해하게 되면 자연스럽게 자신을 수용하는 과정을 거치게 됩니다.

자신의 부정적인 감정들을 표출하게 되면 본인뿐만 아니라 주변이 참 힘들어집니다. 특히 엄마가 자신의 감정을 알아차리지 못하고 부정적 말과 행동을 반복하게 되면 아이들은 힘든 어린 시절을 보내게 되지요. 그래서 자신의 상태를 파악하고 알아차리는 일이 정말 중요합니다. 자신의 숨은 욕망을 알아차리고 내면의 방해자로 작용하는 그림자를 치유하는 것은 상황과 사건을 수면 위로 드러내어 내면의 갈등 요소와 직면하는 일입니다. 과거의 두려웠던 상황과 감정을 의식적으로 드러내어 받아들이는 것이지요. 실제로 자신의 콤플렉스를 인정하고 드러내는 것은 손가락을 자르는 것만큼 아프다고 합니다. 따라서 끊임없는 반복

연습이 필요합니다. 이런 상황을 받아들이는 작업을 의도적으로 계속하는 것입니다. 이렇게 함으로써 일상에서 일어나는 일들을 통해 새로운 상처를 만드는 악순환의 고리를 끊을 수 있습니다. 사람들에게는 자신도 모르는, 어찌 보면 이유도 모를 내면의 그림자가 있습니다. 어린 시절 자신도 모르게 형성된 부정적 감정과 내면의 비판자로부터의 강박적인 자동 반사장치입니다. 어떠한 상황만 되면 자신도 모르게 나타나는 행동, 감정, 태도 등을 말합니다. 사람들은 이런 행동을 하게 되면 바로 후회하기도 하고, 원망하면서 이것으로부터 자유로워지고 싶어하지요.

그러면 자기 안에 어떤 핵심 감정이 들어 있는지 어떻게 알 수 있을까요? 아래는 EFT라는 상담 방법을 간략하게 만든 것입니다. 먼저 종이를 펼쳐놓고 다음과 같은 방법을 순서대로 따라해 보길 바랍니다.

1. 지금 원하거나 해결하고 싶은 문제를 쓰세요.
2. 지금 쓴 것에 동그라미를 그리고 몇 번을 반복해서 읽어본 다음에 그 느낌을 써보세요.
3. 그리고 그 느낌에 대한 수치가 어느 정도인지 0~10이라는 수치로 강도를 써보세요. 0은 평화로운 상태이고 10은 가장 불안한

상태입니다.

먼저 해결하고 싶은 문제를 말합니다.

아침마다 아이가 어린이집에 가는 것을 싫어한다고 하면, 그것을 쓰고 그 문장에 동그라미를 그립니다. 그리고 다시 그 문장을 반복해서 몇 번 읽어봅니다. 그런 다음 느낌을 쓰도록 합니다. 힘들고 안타까운 마음이 들면 그런 마음을 적습니다. 그런 다음 그 느낌에 대한 수치를 기록해봅니다. 이렇게 기본적인 작업을 마친 후 다음과 같이 문장을 만들어봅니다.

"나는 비록 아이가 어린이집 가는 것을 싫어하고 울어서 아침마다 힘들고 안타깝지만, 그럼에도 불구하고 그런 나를 온전히 받아들이고 마음속 깊이 사랑합니다."

문장을 편안하게 읽으면서 손가락을 모아 쇄골에서 2센티미터 정도 밑으로 톡톡 치면서 문장을 세 번 반복해서 읽어봅니다.

여기에서 중요한 것은 문장을 만들 때 남을 의식하지 말고 있는 그대로의 문장을 만들어야 한다는 것입니다. 문장이 아주 유치해도 좋습니다. 있는 그대로의 문장을 만들고 반복하는 것입니다. 반복하여 문장을 읽으면서 톡톡톡 두드리고 난 후 다시 한

번 수치의 변화를 비교해봅니다.

이렇게 자신의 문제가 무엇인지, 그리고 그것으로 인해 자신이 어느 정도 힘든지를 알게 되고 자기 수용문을 활용해 자신을 받아들이게 되면 자신 안의 문제가 감정에 흔들림 없이 보이기 시작합니다. 수치가 0으로 떨어질 때까지 계속 반복하여 이 작업을 하기를 권합니다. 이런 작업을 말로 하는 것과 동시에 글로 쓰면 훨씬 더 효과가 있습니다. 이 작업은 아침에 일어나서 하면 효과가 좋습니다. 저는 아침에 화장실에서 반신욕을 한 다음, 매일 이 작업을 하고 있습니다. 이 작업을 통해, 하는 일이 단순하고 명료해졌으며 평화로운 하루를 맞이하게 되는 한편, 좋은 아이디어가 떠오르게 되는 것을 자주 경험하게 되었습니다.

요즘 학부모들로부터 아이와 대화가 안 된다고 하소연을 하는 상담 문의를 자주 받습니다.

제가 그동안 상담을 해보니 아이들이 공부를 그만두는 이유는 뚜렷했습니다. 상당수의 아이들에게서 부모 사이에 있는 많은 갈등이 공부를 포기하게 되는 가장 큰 원인으로 작용했습니다. 어렸을 때 부모에게 느낀 감정을 고등학교까지, 성인이 될 때까지 그대로 가져가는 경우가 많습니다. 따라서 부모 스스로가

• •

어렸을 때 부모에게 느낀 감정을
고등학교까지, 성인이 될 때까지 그대로
가져가는 경우가 많습니다.
따라서 부모 스스로가 행복한 삶을 살고,
부부 사이가 원만해야
아이들도 행복할 수 있습니다.

행복한 삶을 살고, 부부 사이가 원만해야 아이들도 행복합니다.

행복한 삶을 살기 위해서는 자신의 꿈이 뭔지 알고, 자신이 원하는 삶을 살아야 합니다. 자신만의 주파수를 찾고, 그 주파수에 맞춰 살아야 합니다. 내가 행복해야 아이들도 행복합니다. 부모의 불행하고 불편한 모습에서는 아이도 아무런 미래를 그려볼 수가 없습니다.

지금부터는 어떻게 구체적인 행복을 그리고, 삶을 바꿀 수 있는지 알려드리겠습니다.

첫 번째 비법은 나눔입니다. 인간으로서 가장 큰 만족감을 주는 것이 있는데 그것은 나눔입니다. 나눔을 하게 되면 자연스럽게 운명이 바뀌게 된다고 합니다. 그래서 나눔을 하게 되면 하는 일마다 저절로 순조로이 풀리게 된다고들 하지요. 경주에 가면 최부자집이 있습니다. 우리나라에서 가장 멋진 부자라고 생각합니다. 최부자집은 300년 동안 그 부가 유지되었고 주변 사람들로부터 존경을 받았다고 합니다. 최부자집은 항상 겸손하게 살았으며 지나가는 사람 누구나 쌀 한 줌을 가져갈 수 있도록 집안에 쌀뒤주를 개방하여 흉년이 들어도 주변에 굶어 죽는 사람이 없었다고 합니다.

저는 최부자집의 이야기를 10여 년 전에 듣고 제가 할 수 있는 방법으로 재능기부를 하기 시작했습니다. 전국의 지역아동센터를 다니면서 모험놀이 상담을 공부방 선생님과 아이들에게 전해주는 일을 했습니다. 주말에 전국을 다니면서 나눔을 실천한 뒤부터 하는 일마다 잘 되는 경험을 했습니다. 모험놀이 상담을 통해 작지만 작은 나눔을 실천하지 않았다면 이런 일이 일어나지 않았을 것이라고 생각합니다.

자신이 가진 작은 재능을 발휘하게 되면 제일 먼저 오는 축복은 스스로를 사랑할 수 있는 자존감이 형성됩니다. 나눔은 자신의 마음을 진심으로 열게 하고, 그 순간 순수한 내면을 만나게 되는 행운을 가져다 줍니다. 평화로운 에너지는 주는 것은 받는 것이라는 믿음을 몸에 내면화시켜서 자연스럽게 삶을 바꾸게 만듭니다.

또 다른 방법으로 삶을 바꾸는 방법을 말씀드리겠습니다. 그것은 자기만의 주파수를 찾을 수 있는 방법입니다. 우주와 연결하는 방법이지요. 이 방법은 창의성 개발에 대해서 쓴 세계적인 작가 줄리아 카메론의 『아티스트 웨이』, 『EFT』, 그리고 '모험놀이 상담' '위빠사나 명상' 등 그동안 실제로 적용하면서 효과가 좋았던 여러 가지 상담 방법을 융합한 것입니다.

첫 번째, 아침에 일어나면 바로 일어나지 말고 양반자세나 명상에서 할 때 앉는 반가부좌를 합니다. 그리고 5분 정도 하루 일정에 대해서 생각을 합니다. 한 달 정도 지난 뒤부터는 호흡을 관찰해보는 방법도 좋습니다. 호흡이 들고나는 들숨, 날숨을 보는 것입니다. 그런 다음 준비된 노트에 떠오르는 생각을 한 장 이상 씁니다. 정리하려고 하지 말고 생각나는 그대로 씁니다. 욕이 나오면 욕을 쓰고, 불편하면 불편한 것을, 좋은 것은 좋은 것 대로 씁니다. 쓰기 싫으면 쓰기 싫은 마음을 그대로 적습니다. 아무것에도 영향을 받지 않고 그냥 쓰고 싶은 대로 쓰면 되는 것입니다. 이것은 『아티스트 웨이』를 쓴 줄리아 카메론이 '모닝 페이지'라고 이름 붙인 방법입니다. 저는 아침마다 이렇게 하다 보니 창조성을 발휘하는 것 말고도 자신의 핵심 감정을 확인할 수 있는 부가적인 이득이 있음을 알게 되었습니다. 꾸준히 하다 보면 나만의 주파수를 찾을 수 있고 통찰력이 생깁니다. 여기에서 주파수라고 하면 자다가도 벌떡 일어나서 할 수 있는 일을 말합니다. 그렇게 자신이 잘할 수 있는 역할을 조금씩 알아차릴 수 있습니다. 몇 년 동안 이 작업을 쉬지 않고 했는데, 이 작업을 한 뒤로 저에게 있는 감정의 걸림돌뿐만 아니라 자신의 꿈도 발견하게 되었습니다.

아침에 일어나 자신의 글을 쓰다 보면 하루의 계획을 세우게 되며, 또한 미래의 구체적인 목표도 갖게 됩니다. 또한 자신이 힘들어하는 내면의 용의자를 보게 됩니다. 처음에는 불편해하는 용의자가 많을 수 있습니다. 이때마다 핵심 감정을 처리하는 방법으로 하나씩 처리하면 됩니다. 매일 실천하는 것이 가장 중요합니다.

두 번째로는 자기만의 시간을 갖는 것입니다. 자기와의 데이트를 하는 것이지요. 일주일에 1시간에서 2시간 정도를 비워놓고 나를 위한 시간을 갖기를 권합니다. 어릴 적 엄마가 해주셨던 빈대떡이 먹고 싶다면 빈대떡을 사먹으러 가보고, 김치찌개를 좋아한다면 김치찌개 잘하는 식당을 찾아가 드세요. 사소한 것이라도 일주일에 2시간 정도 자신에게 작은 선물을 주세요. 작지만 확실하게 자신만을 위한 사치를 하는 겁니다. 그 시간을 통해 자기 자신과 대화를 하다 보면 무의식 아래서 무엇인가 올라오는 게 있습니다. '이거 해봐', '이렇게 하면 돼' 등등의 이야기를 듣게 됩니다. 그게 바로 자신만의 주파수 영역대에 들어간 것입니다. 이런 시간들이 모이면 자신이 진정으로 원했던 것을 알 수 있습니다. 자기와의 대화가 되는 순간 신기하게도 아이와의 대화도 순조로워집니다.

아침에 명상을 하고, 글을 쓰고, 자기와의 데이트를 지속적으로 하다 보면 자기 안의 어두운 그림자가 긍정의 빛에 사라지게 됩니다. 어느 정도의 시간이 쌓이면 어느 날부터 묻혀 있던 꿈들이 솟아나기 시작합니다. 평소에 생각지 못했던 것들이 떠오르고 에너지가 넘치는 것을 경험하게 됩니다. 이런 작업을 100일 정도 꾸준히 실천해보기를 바랍니다.

저는 학교에서 아이들과 함께 지내면서 내면의 상처를 들여다보는 게 얼마나 중요한지 절실히 실감했습니다. 아이들의 꿈을 가로막는 것은 그 안에 있는 마음의 상처입니다. 어릴 때 나의 의지와는 상관없이 형성된 감정들이 부정적으로 끊임없이 아이를 힘들게 합니다.

상담을 시작하게 된 것은 아이들과 어떻게 하면 친해질까를 고민하다가 시도한 방법입니다. 그렇게 한두 명에서 시작된 상담이 수백 명에 이르다 보니 가정환경과 부모와의 관계가 아이들의 성장에 끼치는 영향이 엄청나다는 사실을 알게 되었습니다. 아이들의 꿈을 키워줘야 할 어른들의 마음이 건강하지 않다면 아이들의 꿈을 지켜내기가 힘들다는 것도 알게 되었습니다.

서울의 한 직업학교에서 근무할 때의 이야기를 해드리겠습니다. 일반학교에서 맨날 엎드려 자기 일쑤인 아이들이 주로 오는 학교입니다. 그런데 이 학교에서는 학생이 입학하면 자기가 좋아하는 것만 한 달 정도 시킵니다. 만약 요리를 좋아하면 요리과에 선 무 썰기만 한 달 시키는 겁니다. 노래를 좋아하면 노래만 부르게 하고, 만화를 좋아하는 애들은 만화만 보게 했습니다. 이 시간에 영어, 수학을 보면 혼을 내기도 합니다. 이렇게 한 달 정도만 하면 지금 하는 것을 정말 좋아하는지 안 좋아하는지 알 수 있습니다. 인터넷 중독자라 불리는 아이들이 있었습니다. 선발할 때도 게임을 해서 뽑고 게임에서 지게 되면 이 학교에 오지 못합니다. 이 아이들의 수업 태도는 정말 좋았습니다. 정말 세상을 다 가진 듯한 행복한 표정으로 학교에 오고 수업을 듣습니다. 저는 이 학교에서 너무 많은 기적을 보았습니다. 같은 애들이라도 어떤 조건과 환경에 있느냐에 따라 삶이 바뀌어버립니다. 운명이 바뀌는 거죠. 그래서 자기가 정말 좋아하는 것이 무엇인지 아는 것이 정말 중요합니다. 부모와 아이 모두 적용되는 이야기입니다.

자신의 꿈을 알고, 자신의 감정을 잘 읽고 받아들이는 것. 이것을 잘하면 잘할수록 인생이 달라집니다. 저 역시 저의 꿈을 알기 위해 노력하고, 자신의 감정을 읽고 받아들이다보니 인생이 새롭게 열렸습니다.

어른들 중에도 겉으로 드러나지 않았을 뿐이지 마음이 아프고 건강하지 못한 사람이 많습니다. 어린 시절 받았던 상처를 제

••

아침에 명상을 하고, 글을 쓰고,
자기와의 데이트를 지속적으로 하다 보면
자기 안의 어두운 그림자가 긍정의 빛에
사라지게 됩니다. 어느 정도 시간이 지나게 되면
어느 날부터 묻혀 있던 꿈들이
솟아나기 시작합니다.

대로 치료하지 않았기 때문이죠. 지금이라도 내면의 상처를 바로 보고 무엇을 원하는지 들여다보았으면 합니다. 무의식중에 잠재되어 있는 자신의 목소리를 의식으로 끌어내면 기적 같은 일이 일어납니다. 상처가 있던 자리에 꿈이 자라나고, 그 꿈은 우리의 삶에 변화를 가져옵니다.

저는 제 자신의 꿈을 포기하지 않고 계속 도전할 것입니다. 나이가 중요한 것이 아니라 좌절하지 않고 계속 꿈을 향해 도전하는 것이 중요합니다. 꿈은 재능이 아니라 용기라는 생각이 듭니다. 저처럼 부모 스스로가 꿈을 꿔야 아이들도 꿈을 꾸는 아이가 될 수 있습니다. 사랑하는 아이를 위해서 꿈을 찾는 연습을 하기를 바랍니다. 아이는 부모를 보며 꿈을 키울 것입니다. 아직 여러분들은 살아갈 날들이 무궁무진하게 놓여 있습니다. 꿈을 향한 자신만의 주파수를 결코 놓지 말기를 바랍니다.

한겨레 베이비트리가 걸어온 길

2010.04	베이비트리 런칭
2011.10	'자연주의 육아' 사이트로 개편
2011.11	전문의 1:1 상담실 개설
2012.02	책 읽는 부모 1기 활동
2012.05	'우리 아이 자존감과 잠재력을 키우는 소통법' 부모특강
2012.06	책 읽는 부모 2기 활동
2012.10	책 읽는 부모 3기 활동
2013.01	'정서지능, 아이의 미래를 바꾼다' 부모특강
2013.06	한겨레 창립 25돌 기념 '내 아이 행복한 미래 만들기' 부모특강
2014.01	영상으로 만나는 임신 · 출산 앱 베이비트리 출시

한겨레 베이비트리 팀
김노경 안정순 양선아

"아이의 내면에 숨겨진 힘,
스스로 믿고 포기하지 않는 힘,
미래를 생각하며 현재를 이겨나가는 힘,
타인과 조화로운 삶을 살아가는 힘,
그 힘을 아이에게 전해주고자 합니다"

고마워,
내 아이가 되어줘서

1판 1쇄 2015년 2월 2일
1판 8쇄 2018년 10월 25일

지은이 조선미 하태욱 이승욱 권복기 정윤경 김영훈 이정희 방승호
엮은이 한겨레 베이비트리
펴낸이 김정순
기획 · 책임편집 배경란
디자인 김수진
마케팅 김보미 임정진 전선경

펴낸곳 (주)북하우스 퍼블리셔스
출판 등록 1997년 9월 23일 제406-2003-055호
주소 04043 서울시 마포구 양화로 12길 16-9 (서교동 북앤빌딩)
전자우편 editor@bookhouse.co.kr
홈페이지 www.bookhouse.co.kr
전화번호 02-3144-3123
팩스 02-3144-3121

ISBN 978-89-5605-919-8 03590

이 도서의 국립중앙도서관 출판시도서목록(CIP)은 e-CIP 홈페이지(http://www.nl.go.kr/ecip)와 국가자료공동목록시스템(http://www.nl.go.kr/kolisnet)에서 이용하실 수 있습니다.
(CIP제어번호 : 2015000790)